Inhaltsverzeichnis

Vorwort zur 2. Auflage

Die erste Auflage dieser Broschüre war schnell ausverkauft. Die nun vorliegende 2. Auflage wurde aktualisiert und stark erweitert. Die deutschen Offshore-Windprojekte, initiiert vor allem von den Energiekonzernen, bewegen sich auf ein Desaster zu. Stattdessen haben Konzerne und Unternehmerverband ein Maßnahmenprogramm gegen die erneuerbaren Energien gestartet, das Fehlinformationen über den Strompreis verbreitet und versucht, die Menschen gegen die erneuerbaren Energien aufzubringen. Auf diese Entwicklung musste eingegangen werden.

Chemnitz, im Sept. 2013

Josef Lutz

Photovoltaikanlage bei Ajaccio, Korsika

1. Es muss rasch gehandelt werden

Die Bürgerbewegung für Kryo-Recycling, Kreislaufwirtschaft und Klimaschutz, legte im Dezember 2011 dem Bundesumweltministerium eine Unterschriftensammlung mit der Forderung nach Abschaltung aller Atomkraftwerke und der Umstellung auf 100% erneuerbare Energien in weniger als 10 Jahren vor. Darauf erhielt sie aus dem Ministerium am 9.1.2012 folgende Antwort: *„Die von Ihnen geforderte sofortige Abschaltung aller Kernkraftwerke und eine Umstellung auf 100% erneuerbare Energien (in der Stromerzeugung) innerhalb von 10 Jahren liegt allen in der Fachwelt bekannten Studien zufolge deutlich jenseits der technischen und nachhaltigen Machbarkeit und wäre auch unter dem Gesichtspunkt der Versorgungssicherheit und Wirtschaftlichkeit keine vorteilhafte energiewirtschaftliche Option."* (Brief BMU, 9.1.2012)

Eine Quellenangabe dazu bleibt das Umweltministerium schuldig. Stattdessen wiederholt es den Standpunkt der Bundesregierung: *„Die Bundesregierung hat sich mit dem Energiekonzept die Transformation in das Zeitalter der erneuerbaren Energie zum Ziel gesetzt. Der Anteil erneuerbarer Energien an der Stromerzeugung soll von heute 20 Prozent des Stromverbrauches auf mindestens 35 Prozent im Jahr 2020 steigen. Bis 2030 strebt die Bundesregierung einen Anteil von 50 Prozent an, 2040 sollen es 60 Prozent und 2050 dann mindestens 80 Prozent sein. Um die Stromversorgung in der Übergangszeit sicherzustellen, wird Deutschland weiterhin konventionelle Kraftwerke nutzen allerdings kontinuierlich abnehmend… Der angestrebte Fahrplan dieser Transformation ist bereits außerordentlich ambitioniert …"* (ebenda)

Bild 1: Anzeige des Bundeswirtschaftsministeriums

Die Bundesregierung will sich also viel Zeit lassen.

Die erneuerbaren Energien haben in Deutschland im Jahr 2012 erstmals einen Anteil von 22% an der elektrischen Energie erreicht. 2011 waren es 20%, 2010 waren es noch 17% gewesen. Zigtausende Bürger engagieren sich mit privaten Solaranlagen. Wenn man in vereinfachter Weise diese Entwicklung fortschreibt, würde der Anteil der erneuerbaren Energien bei Elektrizität im Jahr 2020 bereits bei 42% liegen und die von der Bundesregierung für 2030 geplanten 50% würden schon 2024 übertroffen.

Gleichzeitig haben im Jahr 2010 die weltweiten Emissionen von Treibhausgasen um 6% zugenommen und liegen um 40% über den Emissionen von 1990. 2011 stiegen sie um 3,6% auf 31,6 Milliarden Tonnen, 2012 um weitere 1,4%. Deutschland hat 2012 den CO_2-Ausstoß um 2,2% erhöht. Der Energiekonzern RWE, der als „größter Klimasünder Europas" gilt, steigerte durch Anstieg der Kohleverstromung die CO_2-Emissionen 2012 um 10% [SZ613].

Innerhalb von 11 Jahren wurden einige Regionen in Deutschland Opfer von zwei Jahrhundertfluten.

„Wir müssen einfach bei solchen Starkregen-Wetterlagen davon ausgehen, dass wir Mengen bekommen auch in der Konzentration in den Flüssen, ... die es in den letzten tausend Jahren so nicht gegeben hat ... Die Klimaveränderungen sind doch dramatischer, als man denkt." (Sachsen-Anhalts Ministerpräsident Haseloff angesichts der Flut [DR613]).

Konsequenzen daraus bleibt er allerdings schuldig, im Gegenteil. Statt den Ausbau der erneuerbaren Energien rasch voranzutreiben, wird von der Bundesregierung der Entwicklung ein Riegel vorgeschoben. Die Deckelung der Errichtung neuer Photovoltaikanlagen und die überproportionale Kürzung der Einspeise-

Bild 2: Jahrhunderthochwasser 2013

vergütung führten, vor dem Hintergrund spekulativen Kapitals im Solargeschäft und der internationalen Konkurrenz, im Frühjahr 2012 zur Pleite der

Bild 3: Traktordemonstration zur Abschaltung aller AKWs

meisten wesentlichen Solarhersteller in Deutschland und der Vernichtung von zehntausenden Arbeitsplätzen. Seit 2012 kann man von einem regelrechten „Roll-Back" der tonangebenden Konzerne und der Bundesregierung gegen die erneuerbaren Energien sprechen. Noch schlimmer: Massiv wird ein regelrechter Feldzug für die Durchsetzung umwelt- und klimaschädlicher Techniken wie das Gasfracking eingeleitet, auf EU-Ebene wird Förderung der Atomenergie ins Spiel gebracht. Umwelt- und Klimaschutz werden auf dem Altar des Krisenmanagements geopfert.

Wetterlagen sind immer auch von Zufällen bestimmt, aber nicht nur. Wir hatten in den jüngsten Jahren diverse Flutkatastrophen in Pakistan und in den USA. Die Häufung dieser Ereignisse ist auffällig. Der Anstieg der Erdtemperatur führt zu höherem Energiegehalt der Atmosphäre, was sich in häufigeren und intensiveren Stürmen, Regionen großer Dürre, Regionen extremer Regenmengen äußert. Es kann inzwischen genauer argumentiert werden:

Im Vergleich zum Durchschnitt 1979-2000 hat der arktische Eisschild 2012 im Sommer 40 Prozent seiner Fläche verloren. Während Eis den größten Teil der Sonnenstrahlung reflektiert, nimmt offener Ozean die Strahlung auf und speichert die Energie. Die Arktis erwärmt sich schneller als der Rest des Planeten, und damit sinkt der Temperaturunterschied zwischen hohen und mittleren Breiten. Druckunterschiede führen zu einer Strömung von Süd nach Nord, durch die Wirkung der Erddrehung (Corioliskraft) werden sie in West-Ost-Richtung abgelenkt und formen einen Windgürtel in Höhen von 5 km und mehr. Der polare Jetstream der Nordhalbkugel ist im letzten Jahrzehnt um etwa 20 Prozent schwächer geworden, eine Folge des geringeren Temperaturunterschiedes [Sm812]. Schleifen im Jetstream formen die großräumigen Strukturen der Atmosphäre, diese werden nach dem US-amerikanischen Meteorologen Rossby-Wellen genannt. Sie wurden in den letzten Jahren ausgeprägter, bewegen sich langsamer, können an einer Stelle verharren (stehende Welle). Dadurch werden Regionen für längere Zeit in eine Kältefalle eingeschlossen, während dicht nebendran subtropische feuchte und warme Luftmassen nach Norden vorstoßen können. Eine stehende Rossby-Welle im Jahr 2010 brachte Russland wochenlang brütende Hitze und verheerende Waldbrände, ihr südwärts weisender Ast führte zur Flut in Pakistan, wo tausende Menschen starben [Sm812]. In einer stehenden Rossby-Welle traf im Mai 2013 warme feuchtigkeitsgeladene Luft vom Mittelmeer auf noch kalte Luft über Mitteleuropa und warf ihre Fracht ab, was zur Flutkatastrophe führte [SZ613].

In der Regel wird die Flut 2013 einseitig als Naturereignis dargestellt. Zumeist wird der verharmlosende Ausdruck „Klimawandel" gebraucht, dabei hat die Entwicklung zu einer globalen Klimakatastrophe bereits eingesetzt. Es sind dringende Maßnahmen zur drastischen Reduzierung der CO_2-Emissionen erforderlich.

In der vorliegenden Studie wird gezeigt werden, dass dafür alle technischen Voraussetzungen bestehen. Die Erzeugung elektrischen Stroms kann in vergleichsweise kurzer Zeit auf 100% regenerative Energie umgestellt werden. Die Veränderungen müssen nicht bis ins Jahr 2050 verschleppt werden. AKWs können sofort abgeschaltet werden. Eine Energieversorgung auf Basis 100% erneuerbare Energien kann in etwa 10 Jahren aufgebaut werden. Es werden im Folgenden die „in der Fachwelt bekannten" Zusammenhänge behandelt und dafür auch die Quellen angegeben.

Das technische Kernproblem einer 100% Elektrizitätsversorgung mit erneuerbaren Energien ist die Zwischenspeicherung der Energie. Der in dieser Broschüre dargestellte Weg der weitgehend dezentralen Nutzung von Wind, Wasser, Sonne, Bioabfällen und Geothermie, entsprechend den Möglichkeiten der verschiedenen Regionen, in Verbindung mit einem internationalen Netzverbund von Hochspannungs-Gleichstrom-Übertragung (HGÜ) für den gegenseitigen Ausgleich der Schwankungen in Angebot und Bedarf, würde es ermöglichen, die Stromversorgung in ganz Europa und angrenzenden Teilen Nordafrikas

Bild 4: Vertreter des Klima- und Umweltbündnisses Stuttgart (KUS) vor der Daimler-Konzernzentrale

innerhalb von 10 Jahren auf 100% erneuerbare Quellen umzustellen. Es wird deutlich, dass die Ausrichtung des heute schon entstandenen internationalen Netzverbundes auf die gegenseitige Unterstützung der Regionen und Nationen eine fortschrittliche Produktivkraft wäre, mit gewaltigen Vorteilen gegenüber regionaler Energiespeicherung allein. Die Richtung, die von den Energiekonzernen mit dem „Netzausbau" verfolgt wird, ist jedoch eine völlig andere.

Es geht vielmehr um Stromhandel national und international, Spekulation und Anlagen überschüssigen Kapitals auch zur Ausbeutung der letzten Rohstoffreserven. Mit der Ruinierung der Lebensmöglichkeiten künftiger Generationen wird Profit gemacht. Die Ausweitung regenerativer Energien wird von Unternehmerverbänden, Bundesregierung und Energiekonzernen bekämpft. Es wird darauf ankommen, dass sich national und international die Menschen zu einer starken Kraft zusammenschließen, um gegen diese anzukommen. Und es besteht viel Anlass zum Nachdenken, ob nicht das gesamte derzeitige destruktive und profitorientierte System, die Art und Weise zu produzieren, zu konsumieren und zu leben, in Frage zu stellen ist.

2. Können die AKWs sofort abgeschaltet werden?

Nach der Abschaltung von acht AKWs im Frühjahr 2011 wurde in Deutschland von der CDU-FDP Regierung beschlossen, die verbleibenden neun AKWs erst schrittweise bis 2022 aus dem Betrieb zu nehmen. Dies bedeutet für weitere zehn Jahre Unfallrisiken im laufenden Betrieb der alten Meiler sowie Produktion von radioaktivem Abfall, für dessen Entsorgung es bis heute keine sichere Lösung gibt. In Japan war Juli 2012 keines der AKWs mehr am Netz, und die Lichter gingen nicht aus.

Die Situation in Deutschland ist mit der in Europa verknüpft und muss im Zusammenhang behandelt werden. Mittel- und Südeuropa wie auch ein großer Teil Osteuropas ist im europäischen System vernetzt und durch Hochspannungsleitungen synchron und galvanisch verbunden. Die Vereinigung hieß bis 2009 UCTE (Union for the Coordination of Transmission of Electricity), seit 2009 werden die Aufgaben der UCTE vom Verband Europäischer Übertragungsnetzbetreiber ENTSO-E übernommen. Die Abkürzung steht für „European Network of Transmission System Operators for Electricity". Die Länder der ENTSO-E zeigt Bild 5.

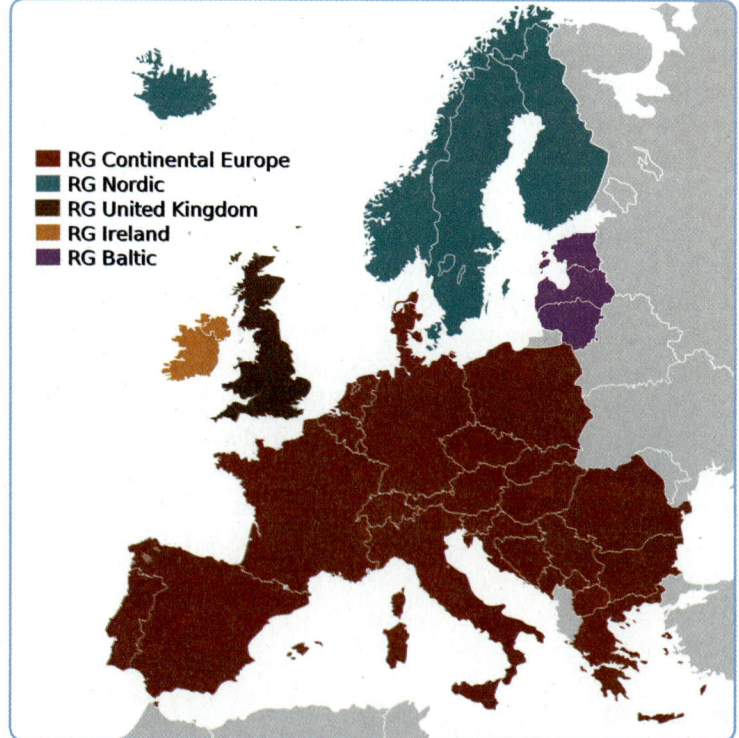

Bild 5: Stromverbund ENTSO-E. Die dunkelroten Länder entsprechen dem ehemaligen UCTE-Stromverbund. Sie sind durch ein synchrones Netz verbunden [WI12]

Die ehemalige UCTE entspricht im Wesentlichen der dunkelrot markierten Regionalgruppe „Continental Europe". Einige Länder sind dazugekommen. Das Netz dieser Regionalgruppe ist synchron verbunden. Die Hochspannungs-leitungen des internationalen Netzverbundes für den Ausschnitt Deutschland zeigt Bild 6. Ebenfalls sichtbar sind die zahlreichen Hochspannungsleitungen in angrenzende Länder.

Skandinavien ist nicht synchron verbunden, da die Leitungen durch die Ostsee über Hochspannungs-Gleichstrom-Übertragung (HGÜ, englisch HVDC) laufen. Wechselstrom lässt sich unter Wasser nur mit sehr hohen Verlusten übertragen, daher muss jeweils umgerichtet werden. Es findet trotzdem ein Austausch elektrischer Energie statt. Im Verbund sind Deutschland und Frankreich Stromexporteure. Ein großer Stromimporteur ist z.B. Italien, das sich nur zu 80% selbst versorgt. Es besteht laufend ein Energieaustausch zwischen den Ländern.

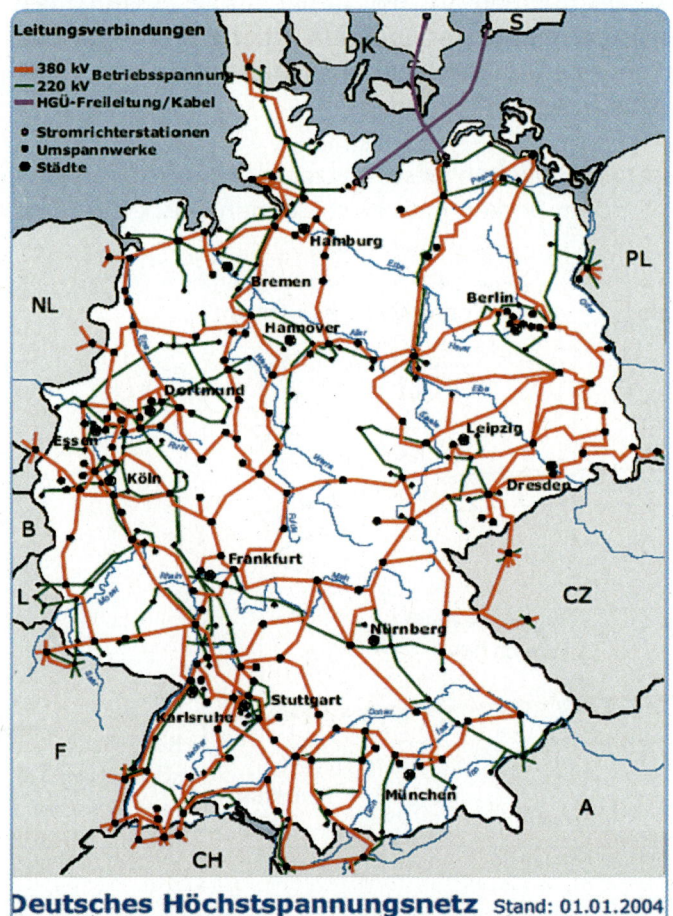

Trotz der Abschaltung von acht Atomkraft-werken exportierte die Bundesrepublik weiter Strom. Die Ausfuhr hat sich 2011 zunächst ver-ringert [FO911], ist aber inzwischen höher als je zuvor, siehe Kapitel 3.

Bild 6: Hochspannungsnetz in Deutschland. Seit 2004 hat sich wenig geändert.

Der höchste bisher aufgetretene Stromverbrauch in Deutschland war am 2. Dezember 2009 um 18:00 Uhr. Er betrug 73 GW. An diesem Tag standen an Kraftwerksleistungen 92,8 GW zur Verfügung. Die AKWs Biblis A und Brunsbüttel waren zu diesem Zeitpunkt nicht am Netz [SOx12]. Die mögliche elektrische Leistung aller andern AKWs zu diesem Zeitpunkt betrug 19,5 GW [BfS11]. Wenn alle AKWs sofort abgeschaltet werden, wird die Versorgung in Deutschland immer noch aufrecht erhalten, allerdings verringern sich die Exporteinnahmen. **Wir können die AKWs in Deutschland sofort abschalten.**

Anders sieht es in Frankreich aus, wenn alle AKWs sofort abgeschaltet werden. Frankreich erzeugt zu 80% Atomstrom. Hier wurde sehr wenig in regenerative Energien investiert. Dabei liegen doch in Südfrankreich sehr günstige Bedingungen für die Sonnenenergie vor. In den französischen Pyrenäen gab es bereits in den 1970 Jahren solarthermische Kraftwerke. Diese wurden jedoch dem Verfall preisgegeben. Ein Ausstieg aus der Atomenergie in Frankreich erfordert den raschen Aufbau erneuerbarer Energien. Über das europaweite Stromnetz kann jedoch ein gewisser Ausgleich bei einer sofortigen Abschaltung zumindest der ältesten Meiler geschaffen werden.

Die elektrotechnischen Gesetzmäßigkeiten dieses Netzes kann man sich anhand Bild 7 vorstellen, die es mit einem Becken mit verschiedenen Einspeisern und Verbrauchern vergleicht.

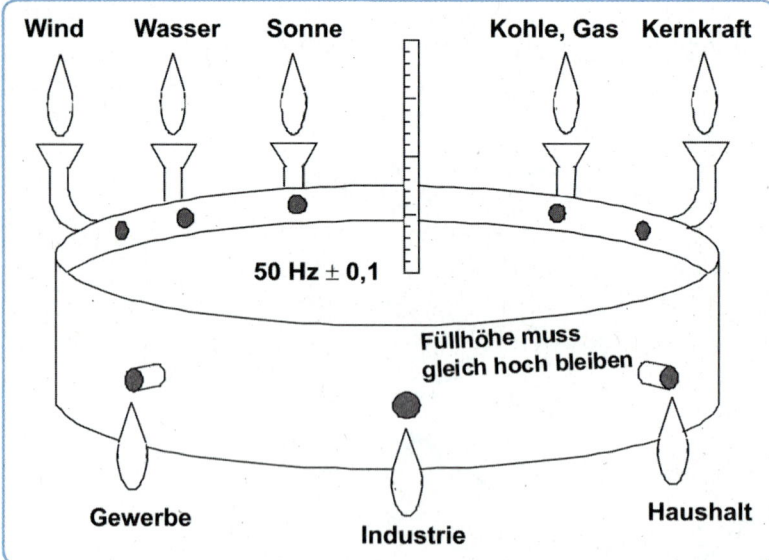

Bild 7: Veranschaulichung des elektrischen Netzes

Die „Füllhöhe" muss innerhalb geringer Toleranzen konstant sein: Die Wechsel-spannung muss 230 V betragen, nach oben sind +6% Abweichung erlaubt, nach unten -10%. Die Frequenz muss 50 Hz ± 0,1 Hz betragen. Bei Abweichungen können Anlagen in Industrie und Haushalt gestört werden. Eine Besonderheit ist: Das „Becken" selbst hat so gut wie keine Möglichkeit zu speichern. Würden alle Einspeiser gleichzeitig ausfallen, so „reicht" der Inhalt des „Beckens" in Bild 7 nur für ca. 0,3 s. Wenn man noch alle rotierenden Maschinen dazu nimmt, werden es ca. 4 s. Auf die Speicherung elektrischer Energie wird später noch eingegangen.

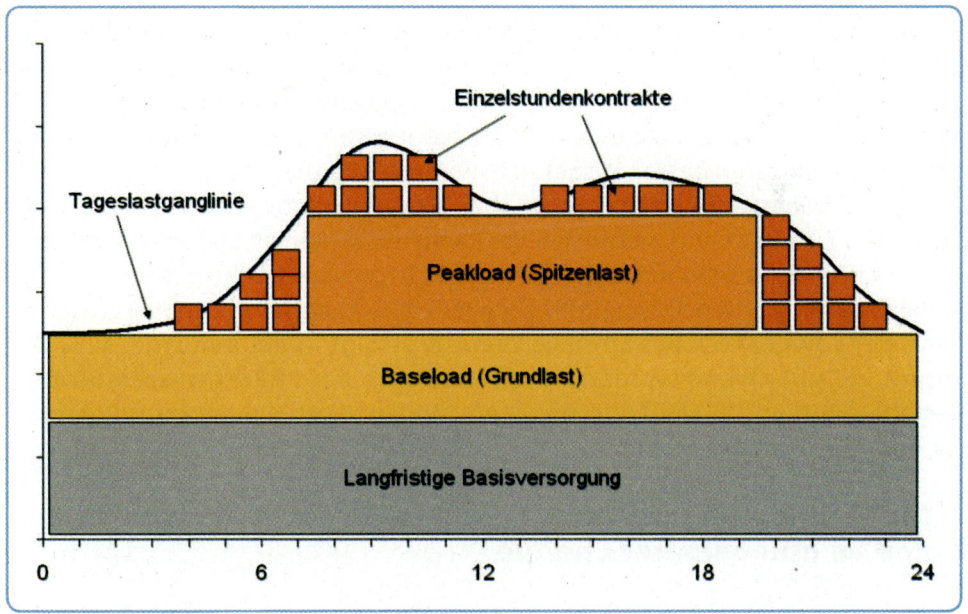

Bild 8: Vereinfachte Darstellung des Tagesgangs des Verbrauchs an elektrischer Energie. Aus [Lu1007]

Der Verbrauch elektrischer Energie folgt im Mittel einem bestimmten Ver-brauchszyklus am Tag, der in Bild 8 dargestellt ist. Demnach wird zu Spit-zenzeiten mehr als das Doppelte an Energie als in der Nacht verbraucht. Diese Verbrauchsgewohnheiten der Industriegesellschaften sind weitgehend voraussseh- und reproduzierbar. Als Folge daraus gibt es „Schattenkraftwerke", z.B. Gasturbinenkraftwerke, welche schnell regelbar und hochfahrbar sind. Sie werden nur für einen Teil des Tages, in Einzelfällen gar nur in Spitzenzeiten zugeschaltet.

Strom für Spitzenlasten wurde bis vor kurzem zu höherem Preis gehandelt. Dafür ist ein Börsenhandel entstanden. Sitz der Energiebörse ist in Leipzig. Strom wird dort in Paketen von Stunden bis herunter zu Minuten gehandelt (Stunden- und Minutenreserve). Für Regelenergie werden sehr hohe Preise erzielt. Besteht Stromüberschuss, so kann der Preis in die Nähe von Null oder sogar darunter fallen: Die Abnehmer von überschüssigem Strom bekommen dann Geld. Für Betreiber von Pumpspeicherkraftwerken (Vattenfall: Markersbach, Goldisthal) ist das ein Bombengeschäft. Oder es werden Windparks vom Netz genommen und der Eigentümer trotzdem vergütet.

Es wäre auch möglich, am Spitzenverbrauch Änderungen vorzunehmen. So kann man den Spitzenverbrauch reduzieren. Elektrische Verbraucher, wie Waschmaschinen oder Ladegeräte, können so gesteuert werden, dass sie sich bei Stromüberschuss einschalten. Die für Leistungsspitzen in Reserve gehaltenen Kraftwerke könnten besser ausgenutzt werden. Wahrscheinlich kann man mit einer Reihe Maßnahmen alle europäischen AKWs in relativ kurzer Zeit vom Netz nehmen. In Deutschland würde sich das kaum auswirken. In Ländern wie Italien und Frankreich müsste möglicherweise der Stromverbrauch zu Spitzenzeiten eingeschränkt werden. Das betrifft vor allem die industriellen Großverbraucher, denn der Löwenanteil des Stromverbrauchs erfolgt in der Industrie. 42% des Stroms in Deutschland wurden im Jahr 2010 von der Industrie verbraucht. Es besteht allerdings in allen europäischen Ländern auch ein enormes Potential für Energieeinsparmaßnahmen.

3. Die Veränderung des Profils der Stromerzeugung durch hohen Anteil an erneuerbarer Energie

Während in der Vergangenheit durch kurzfristige Kontrakte (siehe Bild 8) der Einspeisung hohe Gewinne erzielt werden konnten, hat sich dies bei hoher Einspeisung regenerativer Energie stark verändert. Die Einspeisung der Solaranlagen ist gerade zu den Zeiten des Spitzenverbrauchs an elektrischer Energie hoch. Ein Gang der Erzeugung für eine Woche im Frühjahr 2013 ist in Bild 9 dargestellt.

Zu erkennen ist, dass die Tageslastspitze zu einem großen Teil durch die Photovoltaik abgedeckt ist, an sonnenreichen Tagen im Sommer ist dies vollständig der Fall. Es wird ein hoher Anteil des Stroms exportiert, gerade auch zu Zeiten der Spitze der Tageslast, wie aus Bild 9b hervorgeht. Der Stromexport ist dort mit negativem Vorzeichen dargestellt. Ein Stromimport fand in dieser Woche nicht statt. Bild 9c zeigt die Zusammensetzung der Stromerzeugung. Zu erkennen ist, dass fast nur die Erzeugung aus Steinkohle herabgeregelt

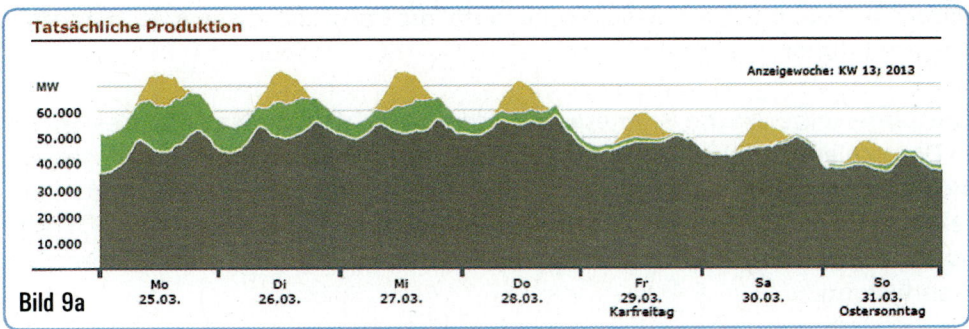

Tatsächliche Produktion

Anzeigewoche: KW 13; 2013

Bild 9a

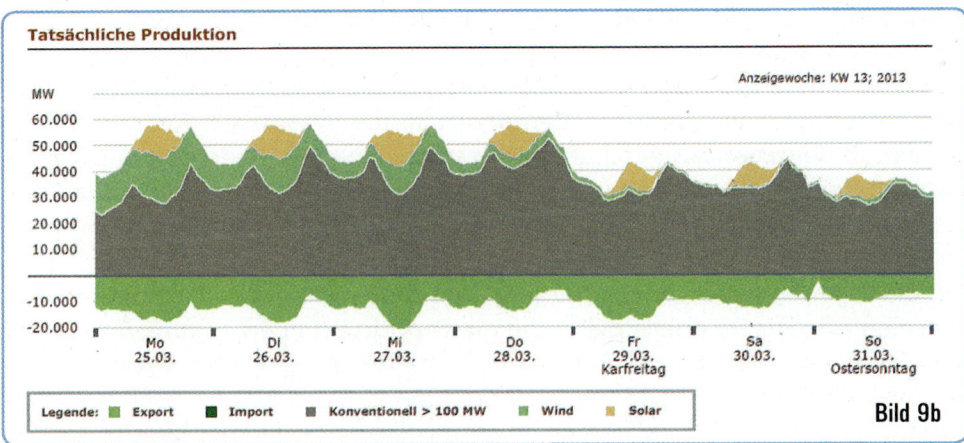

Tatsächliche Produktion

Anzeigewoche: KW 13; 2013

Legende: ■ Export ■ Import ■ Konventionell > 100 MW ■ Wind ■ Solar

Bild 9b

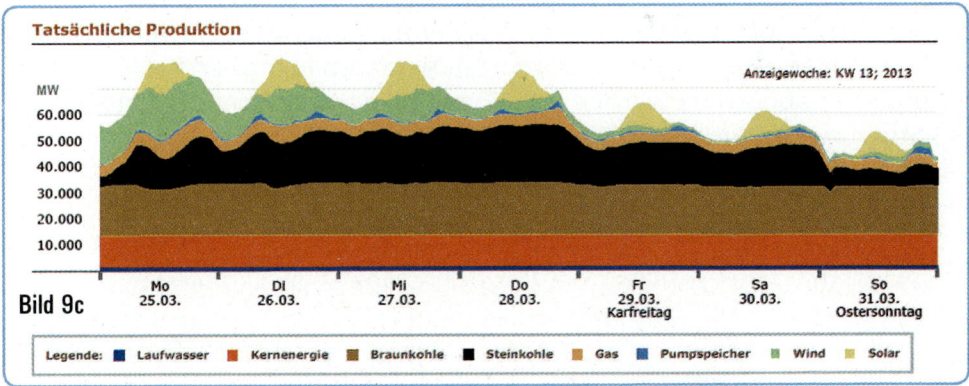

Tatsächliche Produktion

Anzeigewoche: KW 13; 2013

Bild 9c

Legende: ■ Laufwasser ■ Kernenergie ■ Braunkohle ■ Steinkohle ■ Gas ■ Pumpspeicher ■ Wind ■ Solar

Bild 9: Stromproduktion in Deutschland in der Woche vom 25.3.13 bis 31.3.13.
a) Gesamte Stromproduktion konventionell, Wind und Solar, Legende wie Bild b).
b) Profil abzüglich Stromexport, Stromimport fand in dieser Woche nicht statt.
c) Profil mit weiterer Aufschlüsselung der konventionellen Erzeuger.
Quelle: B. Burger, Fraunhofer ISE; Daten: Leipziger Strombörse EEX [Bu13]

wird, die Erzeugung aus Braunkohle läuft fast konstant, die aus Atomenergie konstant durch.

Die dargestellte Woche ist interessant, denn in ihr war die Stabilität des Netzes in Deutschland gefährdet. „Windräder und Photovoltaikanlagen arbeiteten auf Hochtouren, gleichzeitig floss überreichlich Strom aus ostdeutschen Braunkohlekraftwerken. Im süd- und ostdeutschen Netzgebiet von Tennet und 50 Hertz waren die Leitungen am Anschlag, auch auf der polnischen Seite drohte eine Überlastung.

Am 25. März spitzte sich die Lage zu. Für die Hochspannungsleitungen vom bayerischen Redwitz ins thüringische Remptendorf und für die grenzüberschreitende Verbindung ins polnische Krajnik riefen die beiden deutschen Netzgesellschaften und der polnische Betreiber PSE die Warnstufe aus. Windräder wurden in den Leerlauf geschaltet, konventionelle Kraftwerke umgesteuert, um Leitungen stabil zu halten... Drei Tage, bis zum 27. März, blieb die Lage angespannt." (FAZ)

Aus Bild 9 geht nun hervor, dass diese Gefährdung nicht durch die erneuerbaren Energien erfolgte, sondern durch die gleichzeitig hohe Erzeugung von Strom aus Atom, Steinkohle und Braunkohle für den Export. Die Windenergie-Einspeisung ist sehr hoch im Osten Deutschlands, gleichzeitig laufen im Osten die großen Braunkohlekraftwerke im Raum Leipzig und in der Lausitz. Wären diese heruntergefahren worden, wäre das Problem der Überlastung der Leitung nach Bayern nicht aufgetreten. Auf diese Problematik werden wir im Kapitel 6 in Zusammenhang mit dem geforderten Netzausbau, dessen Kosten auf die Verbraucher abgewälzt werden sollen, und im Kapitel 7 bei der Behandlung des Strompreises noch zurückkommen.

4. Zunehmender Stromverbrauch in Deutschland?

4.1 Zunehmende Verbraucher und Energieeffizienz

Es gibt zunehmende Verbraucher elektrischer Energie. Für 2007 wurde geschätzt, dass die Computertechnik – vor allem auch die das Internet stützenden Server – bereits 10% des Weltstroms verbrauchte. Es wurde erwartet, dass sich bis zum Jahr 2011 die Zahl der Server weltweit noch verdreifacht [Br507]. Die Rechenzentren des Google Konzerns verbrauchen pro Jahr 2,3 Terrawattstunden [FA1011]. Der Löwenanteil dieser Energie wird bei Rechnern in den Prozessoren und deren Kühlung verbraucht. Die Prozessoren wurden lange Zeit vor allem unter dem Gesichtspunkt der Rechenleistung und -geschwindigkeit optimiert. Erst seit 2006/2007, stehen den Ingenieuren der Mikroelektronik ausgereifte „Low Power Design Tools" beim Entwurf neuer Chips zur Verfügung. Der Verbrauch der Informationstechnik ist daher vermutlich nicht im gleichen Maße gestiegen. Neuere Analysen liegen jedoch nicht vor.

Weitere neu dazugekommene Verbraucher sind die zahlreichen Mobilfunk-Basisstationen, die zunächst mit energetisch miserablem Wirkungsgrad installiert wurden. Auf der anderen Seite steht der technische Fortschritt, vor allem durch die elektronische Steuerung von Elektromotoren mittels Leistungselektronik, in Zukunft auch durch Fortschritt in der Beleuchtungstechnik durch LEDs.

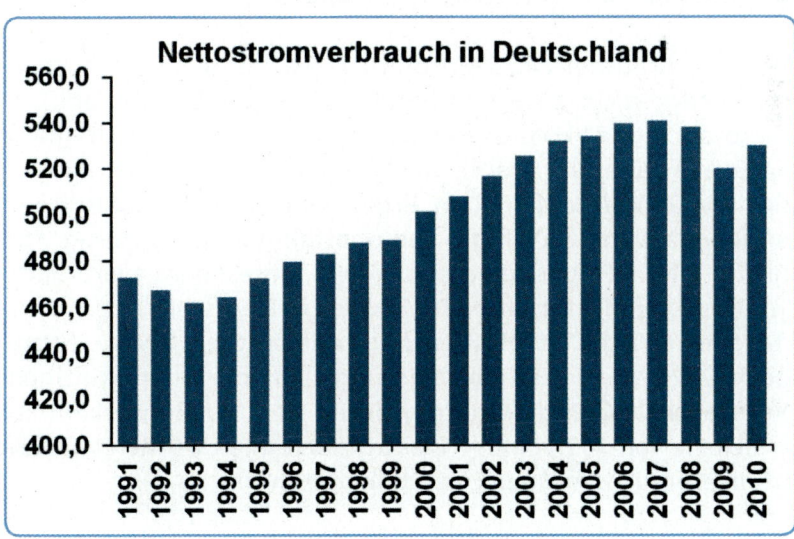

Bild 10: Nettostromverbrauch Deutschlands in Terawattstunden. Quelle: Statistisches Bundesamt März 2011, Zahlen für 2008 bis 2010 vorläufig. Nach [SB311].

So hat sich in Deutschland seit mehr als 10 Jahren die verbrauchte Strommenge (etwas über 500 TWh), ebenso wie der Primärenergieverbrauch bei immer höherer Produktion, nicht wesentlich verändert. Der Stromverbrauch ist nur wenig gestiegen (Bild 10). Er liegt 2010 unter dem des Jahres 2005. Technische Verbesserungen einerseits und neue Verbraucher andererseits haben sich ausgeglichen.

Es besteht durch Einsatz von Leistungselektronik, nach heutigem Stand der Technik in Deutschland, ein Potential zur Vermeidung von 22% elektrischer Energie [EP307]. Dies wird z.B. in der Motorsteuerung bewirkt. Ein mit drehzahlgeregelter Steuerung auf Basis von Leistungselektronik ausgestatteter Motor verbraucht bei gleicher Leistung im Mittel 30% weniger Strom [Gu07].

Unter dem Stichwort Effizienz müssten auch noch die Vergeudung von Energie und Rohstoffen in der vorherrschenden Wegwerfproduktion und der künstlich gesteigerte Massenkonsum behandelt werden. Dies führt jedoch über den Rahmen dieser Studie hinaus.

Weltweit nimmt allerdings der Verbrauch elektrischer Energie zu, insbesondere in Ländern mit stark zunehmender Industrialisierung wie China, Indien, Brasilien und andere. Dies ist eine große Herausforderung.

4.2 Für einen nachhaltigen umweltverträglichen Verkehr

Auch künftige neue Verbraucher wie Elektrofahrzeuge werden in der mittelfristig erwarteten Menge nicht zu einem höheren Strombedarf führen. Die VDE-Studie „Elektrofahrzeuge" kommt zum Schluss: „Unter Berücksichtigung einer durchschnittlichen Tagesfahrstrecke von 30 km pro Tag und dem angesetzten Verbrauch von 20 kWh auf 100 km, ergibt sich ein durchschnittlicher elektrischer Energiebedarf von 6 kWh pro Tag und fahrendem Fahrzeug. Für eine Gesamtzahl von 1 Mio. Fahrzeuge resultiert ein Jahresenergieverbrauch von ca. 1,4 TWh. Dies entspricht in etwa 0,25% der in Deutschland pro Jahr genutzten elektrischen Energie" [VD410]. Allerdings entsprechen 1 Mio. leichte Elektrofahrzeuge bis 2020, wie die Bundesregierung plant, nur einem winzigen Bruchteil des Verbrauchs an Primärenergie durch den Straßenverkehr in Deutschland. Eine Flotte von 10 Millionen Elektrofahrzeugen würde etwa 6% des heutigen Stromverbrauchs in Deutschland bedeuten [Ja12].

Die Pläne der Bundesregierung für eine Million Elektroautos greifen nicht nur zu kurz, zudem werden sie keinesfalls ernsthaft verfolgt. Es muss aber rasch ein umwelt- und klimataugliches Verkehrswesen aufgebaut werden. Ein künftiger nachhaltiger Verkehr wird unterschiedliche Formen nutzen. In größeren Städten wird die Hauptform der öffentliche Nahverkehr, das Fahrrad, auch das E-Bike sein. Der Stadtbus ist ein Elektrobus. Den Individualverkehr bis 100 km v.a. auf dem Land wird das Elektroauto prägen. Der Gütertransport auf der Kurzstrecke erfolgt vorwiegend mit Elektro-Nutzfahrzeugen. Der Güterfernverkehr erfolgt auf der Schiene, ebenso der Personenfernverkehr. Für den Autofernverkehr können Brennstoffzellenfahrzeuge mit Wasserstofftank zum Einsatz kommen. Hier sind bislang Prototypen verschiedener Hersteller im Einsatz, allerdings ist diese Technik heute noch teuer. Der FCX Clarity von Honda war 2008 laut Hersteller das weltweit erste Brennstoffzellenauto, das in Serienproduktion ging. Erhältlich ist es nur in kleinen Stückzahlen, nur auf Leasing-Basis und nur in den USA und Japan. Toyota plant für 2015 die Markteinführung eines Autos mit Brennstoffzelle, der Preis soll allerdings sehr hoch werden.

Der Autofernverkehr in der bisherigen Form hat keine Zukunft. Auch das Verhalten wird sich ändern. Es gibt bereits in vielen Städten Car-Sharing Clubs oder ähnliche Formen. Wenn man ein Auto braucht, bestellt man sich das passende. Weitergedacht, man erwirbt „Mobilität", nicht unbedingt ein eigenes Auto.

Die Elektromobilität leistet zunächst einen Beitrag zur Verringerung des Smogs in den Ballungszentren. Aber einen wirklichen Beitrag zur Reduzierung der Treibhausgase leistet sie nur dann, wenn der elektrische Strom aus erneuerbaren Energien gewonnen wird.

Energiequelle	CO_2-Äquivalent in g/km für Golf-Klasse im NEFZ		
	vorgelagerte Kraftstoffkette	Fahrzeugbetrieb	gesamt
Benzin (Rohöl)	37	140	177
Diesel (Rohöl)	19	131	150
Batterie (Strommix Deutschland)	126	0	126
Batterie (Offshore Windenergie)	3	0	3

Tabelle 1: CO2-Emission eines typischen Fahrzeugs. Aus [Me10]

Tabelle 1 zeigt einen Vergleich der CO_2-Emission eines typischen Fahrzeugs, der auch den vorgelagerten Aufwand zur Bereitstellung der zum Fahren benötigten Energie berücksichtigt. Bei dem gegenwärtigen Energiemix Deutschlands ist der Fortschritt nur gering. Groß wird er, wenn wir die elektrische Energie regenerativ erzeugen, wofür stellvertretend Offshore Wind steht.

Auch ein guter Dieselmotor kann nur etwa 40% der im Kraftstoff enthaltenen Primärenergie in mechanische Energie umsetzen, 60% gehen verloren. Wird der elektrische Strom im Kohlekraftwerk erzeugt, fallen diese ca. 60% Verluste in Abwärme im Kraftwerk an. Erzeugen wir den elektrischen Strom regenerativ, so kann, auch bei allen dazwischenliegenden Umwandlungen, etwa 80% in mechanische Energie verwandelt werden. Dazu können Elektrofahrzeuge rekuperieren, d. h. bei langsamen Bremsvorgängen und beim Fahren bergab wirkt der Motor als Generator und die elektrische Energie wird wieder in der Batterie gespeichert. Bei modernen Zügen ist Rückspeisung der Bremsenergie schon seit vielen Jahren Standard.

In Kombination mit regenerativ erzeugtem Strom liefert die Elektromobilität einen großen Beitrag zum Klimaschutz. Im Güter- und Fernverkehr muss dabei, wenn die Energieeffizienz als Maßstab genommen wird, die Schiene eine entscheidende Rolle spielen. Kontraproduktiv ist die Politik der Deutschen Bahn. Um 17,4 Prozent ist das Schienennetz in Deutschland von 1990 bis 2008 geschrumpft. Im selben Zeitraum wuchsen die Schweizer Schienenwege um 10,6 Prozent, Italiens Streckennetz legte um 4,9 Prozent zu und Spanien baute seine Gleise um 3,5 Prozent aus [AL410]. Ebenso fällt der Vergleich der Investitionen in die Schieneninfrastruktur aus. Die Schweiz investierte 349 Euro pro Bürger, gefolgt von Österreich mit 258 Euro pro Einwohner. Schweden brachte 151 Euro pro Bürger auf, während Deutschland nur 51 Euro pro Bundesbürger aufwandte [AL713].

5. Wie kann das Ziel 100% erneuerbare elektrische Energie verwirklicht werden?

5.1 Szenario für Deutschland alleine

Im Jahr 2005 versorgte sich Deutschland bei elektrischer Energie zu 10,2% aus regenerativen Energiequellen, 2010 zu 17% und im ersten Halbjahr 2011 zu rund 20%. Von 2010 auf 2011 bestand ein schnelles Wachstum, was sich mit einem Zuwachs auf knapp 22% im Jahr 2012 fortsetzte. Die Zusammensetzung war nach Zahlen des Bundesministeriums für Umwelt, Naturschutz und Reaktorsicherheit (BMU) für das Jahr 2012, gemessen am gesamten Bruttostromverbrauch [BMU213]:

· zu 7,7 Prozent aus der Windkraft,
· zu 5,7 Prozent aus Biomasse,
· zu 4,7 Prozent aus Photovoltaik,
· zu 3,6 Prozent aus Wasserkraft

2012 waren schlechtere Windverhältnisse als 2011, ansonsten wäre der Anteil höher. Das BMU zählt auch Stromerzeugung aus „Siedlungsabfällen, Klär- und Deponiegas" zu den regenerativen Energien. Die Müllverbrennungsanlagen dürfen allerdings nicht mitgerechnet werden, da diese Technik Giftstoffe in die Umwelt einbringt und nicht regenerativ ist. Daher wird dies hier nicht berücksichtigt. Statt Müllverbrennung ist ein System von Recycling unter Beachtung von Materialkreisläufen erforderlich, siehe dazu Kapitel 8.

Es ist möglich, die elektrische Energie zu 100% regenerativ zu erzeugen [Lu07]. Wie sieht ein solches Szenario aus? Sonne und Wind spielen die Hauptrolle. Das Potential der Windkraft ist sehr hoch. Windräder, Mitte der 90er Jahre aufgestellt, sind heute teilweise oder schon ganz abgeschrieben. Es entsteht die Möglichkeit des „Repowering". Das bedeutet ein Ersetzen kleinerer Anlagen (damals einige 100 kW) an günstigen Standorten durch große Anlagen. Heute ist auch an Land eine Leistung von Windrädern von größer 1 MW üblich; auch 3 MW sind nicht selten. Windräder im Binnenland erreichen eine mittlere Ausnutzung von knapp unter 20%, an der Küste etwas über 20%. Erste Offshore-Windräder erreichten eine mittlere Ausnutzung um die 40%.

Auch die Photovoltaik kann, bei Nutzung aller geeigneten Dächer und ohne Landschaftsverbrauch, einen großen Anteil leisten. Nach einer Veröffentlichung der TU München würden Photovoltaikanlagen auf allen nach Süden ausgerichteten Dachflächen in Deutschland zusammen 160 GWp1[1] ergeben, d. h. bei optimaler Sonneneinstrahlung theoretisch 160 GW erzeugen [TUM10]. Die Gesamtleistung aller Stromeinspeiser in das öffentliche Netz in Deutschland betrug 2009, von Atomenergie über Kohle bis Wind und Photovoltaik, rechnerisch 155,5 GW. Allerdings entsteht diese Spitzenleistung der Photovoltaik nur bei optimalem Wetter und sie steht nur um die Mittagszeit zur Verfügung. Die mittlere Ausnutzung der Arbeitsfähigkeit der Photovoltaik liegt in Deutschland bei etwa 9,4% (2009: 9,8 GWp erzeugten Energie von 6.200 GWh im Jahr, bei 8760 Stunden pro Jahr [WI09]).

Mit zunehmender Temperatur sinkt der Wirkungsgrad der Solarzellen. Andererseits ist in südlichen Regionen die einfallende Strahlung höher, was dies mehr als ausgleicht. Unter Berücksichtigung einer nach vielen Gesichtspunkten angepassten Auslegung großer Photovoltaikanlagen ergaben sich im Vergleich von sechs weltweiten Standorten die niedrigsten Stromerzeugungskosten von 0,15 Euro bis 0,17 Euro in Israel, Zentralchina, Tibet und Nordafrika - mit der Tendenz, dass sie unter 0,08 Euro fallen werden, bei der zu erwartenden Preissenkung von polykristallinen Solarmodulen [Kn12]. Prof. R. Singh von der Clemson University, USA, vergleicht die Preisentwicklung der Solarmodule mit der Preisentwicklung in der Mikroelektronik. Der Preis für ein Gigabyte Memory fiel von 1162 $ (2000) auf etwa 1$ (2011). Der Preis für ein Wp Solarmodul aus polykristallinem Silizium fiel von 100 $ (1976) auf ca. 1 $ (2012) [Si12]. Eine Fortsetzung dieses Trends bei der industriellen Massenfertigung ist zu erwarten. Allerdings werden bei dieser Entwicklung nur wenige Top-Produzenten weltweit überleben und den Markt beherrschen. Silizium ist eines der am häufigsten auf der Erde vorkommenden Elemente. Solarzellenherstellung auf Silizium-Basis braucht keine extrem seltenen Rohstoffe. Wenn man die oben genannte Entwicklung weiter fortschreibt, wird die Photovoltaik auch die „billigste" Energie werden.

Die Wasserkraft leistet in Deutschland einen Beitrag zur Stromversorgung im Bereich von 4%, im ersten Halbjahr 2011 sogar weniger. Sie kann, um die Landschaft zu erhalten, nur noch wenig ausgebaut werden.

---

[1] Die Einheit Wp (Watt Peak) beinhaltet Leistung bei Testbedingungen, die in etwa der maximalen Sonneneinstrahlung in Deutschland entsprechen: 25° C Modultemperatur, 1000 W/m² Bestrahlungsstärke, Luftmasse 1,5 (Einfallswinkel 48° bezogen auf die Senkrechte).

Bild 11: Photovoltaikanlage (im Bau) mit einer Fläche von 4223 m2 auf dem Dach eines Bürohauses im Südwesten von Paris. Zusammen mit geothermischen Energiewandlern wird das Gebäude im Jahresmittel mehr Energie produzieren, als es selbst verbraucht. Bildquelle: Solaris Positive Energy, Sercib, Wikipedia

Eine weitere Form der regenerativen Energie ist die Geothermie. Sie muss allerdings genutzt werden in Einklang mit den jeweiligen geologischen Besonderheiten und in genauer Kenntnis davon. Geothermische Anlagen können Erdstöße auslösen, genauso wie der Bergbau.

Ein Potential zur Gewinnung elektrischer Energie besteht in Südbayern. Bei tiefer Bohrung kann über 110 °C heißes Wasser gewonnen werden. Im Weiteren wird eine Dampfturbine wie in einem konventionellen Kraftwerk angewandt.

Allerdings ist Geothermie in Deutschland sehr aufwändig. Anders sieht es in einigen anderen Ländern aus. Island kann seinen elektrischen Strom zu 100% aus Geothermie gewinnen. Sehr günstige Standorte für Geothermie gibt es in Italien, Serbien, Mazedonien und der Türkei. Das Nutzungspotential in Deutschland besteht weniger für die Elektrizitätserzeugung, doch ist Nutzung für Warmwasser und Heizung sinnvoll.

Die Biomasse bietet ein erhebliches Potenzial. Allerdings muss sie vernünftig genutzt werden. Ihre Nutzung darf nicht durch Raubbau an für die Nahrungserzeugung notwendigen Flächen und an Wäldern erfolgen.

Einige Szenarien sehen einen hohen Anteil an Biomasse vor, die als Regelenergie für die Stunden- und Minutenreserve genutzt werden kann. Eine sinnvolle Nutzung der Abfälle aus Land- und Forstwirtschaft ist möglich nach dem Verfahren von Prof. Konrad Scheffer, Universität Kassel/Witzenhausen, vorgestellt auf der 7. EUROSOLAR-Konferenz 2005 [Sc05]. Es ist in Bild 12 dargestellt. Das Verfahren kann noch vielseitiger betrieben werden als dort dargestellt. Auch überschüssige Gülle aus der Landwirtschaft wird zum wertvollen Rohstoff.

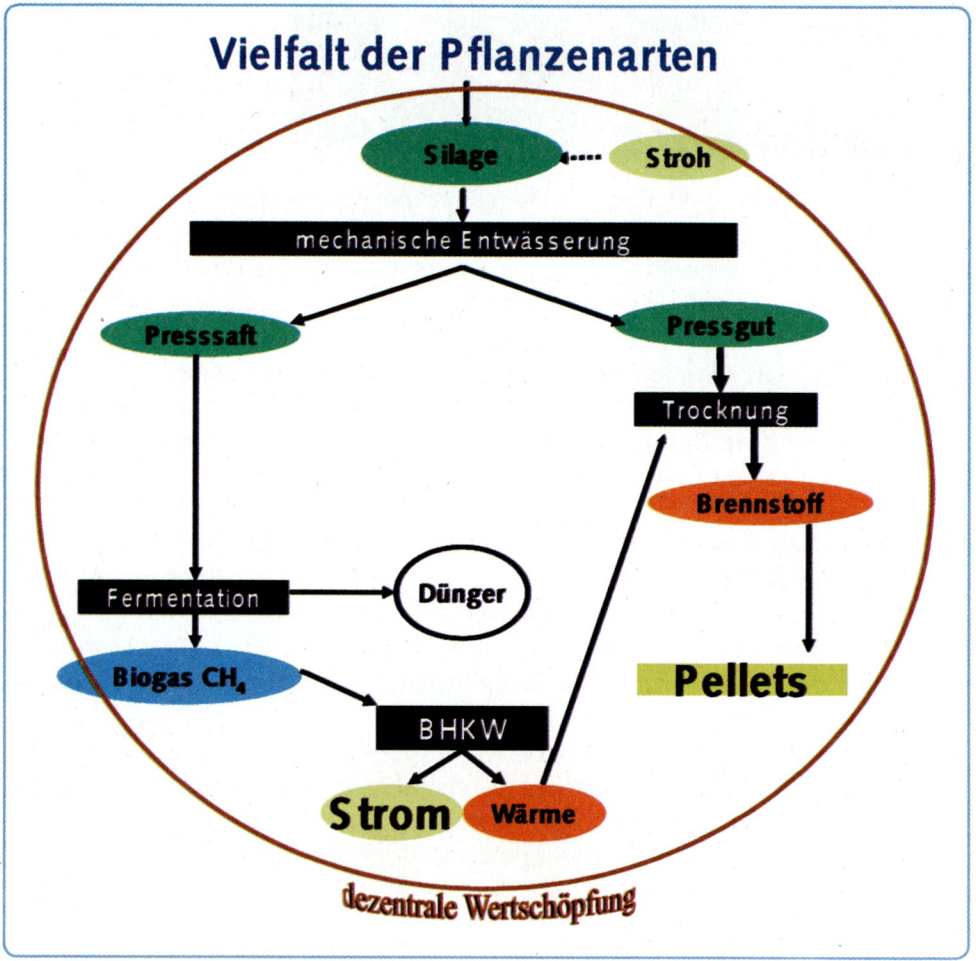

Bild 12: Kreislaufwirtschaft in der Bioenergie nach dem Verfahren von Prof. Scheffer [Sc05].

Die Energiebilanz von Bioenergie hängt sehr von der genauen Form der Nutzung ab. Die Methanisierung von Bioabfällen besitzt eine positive Energiebilanz. Dagegen kann die Energiebilanz von Bioethanol, welcher aus dem Energiepflanzenanbau gewonnen wird, negativ sein, da der Aufwand für Intensivlandwirtschaft, Transport und Umwandlung größer ist als der Energieinhalt des Treibstoffs.

Besonders umweltschädigend ist die Produktion von „Biotreibstoffen" durch den Palmölanbau in Indonesien. Dafür wird der dortige Regenwald zerstört und der Artenreichtum geht für immer verloren. Umwandlungsverluste und der Transport um den halben Globus führen zu einer sehr schlechten Energiebilanz. Solche Formen der Bioenergienutzung richten enorme Schäden in der Umwelt an. Biomasse ist nur dann eine umweltfreundliche Energie, wenn sie sich auf die Abfälle aus Land- und Forstwirtschaft, Lebensmittelindustrie und Haushalte beschränkt.

Rechnerisch lassen sich mittels Blockheizkraftwerken mit diesen Bioabfällen 51,7 TWh Strom (10% des bundesweiten Strombedarfs) und dazu ein beträchtlicher Anteil des bundesweiten Bedarfs an Energie zur Heizung abdecken [SF07]. Der derzeit betriebene Anbau von Energiepflanzen ist jedoch ebenfalls Raubbau an der Natur. Es ist nicht zu verantworten, Weizen zur Stromerzeugung zu verbrennen, während Millionen Menschen hungern. Leider sehen einige Szenarien zur 100%igen nationalen Stromversorgung aus erneuerbaren Energien einen großen Anteil an Bioenergie vor.

Noch wird überwiegend ein einstufiges Fermentationsverfahren zur Methanisierung eingesetzt. Durch ein zweistufiges Verfahren, der integrierten Methanisierung und Kompostierung, werden aerobe und anaerobe Mikroorganismen getrennt, was ihre Aktivität steigert und den Wirkungsgrad erhöht. Zusätzlich können in der ersten Stufe Schwermetalle ausgewaschen werden, so dass hochwertiger Kompost entsteht, der für die Schließung der Stoffkreisläufe des Bodens sehr wertvoll ist.

Eine Zusammensetzung der Gewinnung elektrischen Stroms aus erneuerbaren Energieträgern in Deutschland könnte etwa so aussehen, wie in Tabelle 2 ausgeführt.

	2005	2012*	Potential	Sinnvoll
Wind	26,5	46	627	251
Bio	13,4	34	52	46
PV	1,0	28	142	142
Wasser	21,5	21,2	24	24
Geothermie			200	5
Energie-einsparung			64	64
Summe	62,4	129,8		532

Tabelle 2: Einspeisung regenerativer Energien in TWh. 532 TWh ist die voraussichtlich 2012 erzeugte Menge an Elektrizität in Deutschland. Mögliche Zusammensetzung einer Stromversorgung zu 100% aus regenerativen Energien in Deutschland.
* Extrapolation der Daten des ersten Halbjahrs

Die Windenergie an Land hat ein Potential von 390 TWh, wenn 2% der Fläche in Deutschland genutzt werden [FH11]. Die Windenergie offshore wird für Deutschland einmal mit einem Potential von 237 TWh angegeben [EE13], von der Agentur für erneuerbare Energien wird es zu 85 bis 100 TWh geschätzt [AE13]. Alle derzeit geplanten Offshore-Windparks – Gesamtleistung 8,7 GWh - würden nach Realisierung pro Jahr etwa 30,5 TWh einspeisen – bei einer Verfügbarkeit von 40% (an Land typ. 20%). Diese 30,5 TWh sind, verglichen mit den Programmen anderer europäischer Länder, wenig.

Die Biomasse wurde für die Verwendung von Bioabfällen berechnet. Dabei wurde berücksichtigt, dass man einen Teil dieser Bioabfälle für Treibstoffe braucht.

Die Photovoltaik basiert darauf: Alle nach Süden ausgerichteten Hausdächer könnten mit einer Leistung von 160 GWp [TUM10] eine Energie von 132 TWh pro Jahr einspeisen (bei mittlerer Ausnutzung der Arbeitsfähigkeit 9,6%). Dazu genommen sind 10 TWh aus Großanlagen. Diese Großanlagen sollten sich aber auf Autobahnraine und andere landwirtschaftlich nicht sinnvoll nutzbaren Flächen begrenzen.

Die Energie aus Wasserkraft kann in Deutschland nur noch leicht gesteigert werden, dieses Potential sollte aber, wie bei der Photovoltaik, auch voll genutzt werden.

Die Geothermie verfügt zwar über ein sehr hohes Potential, dessen Erschließung aber in Deutschland gegenwärtig für sehr teuer angesehen wird. Daher ist sie nur mit etwa 1% berücksichtigt.

Bei der Energieeinsparung wurde zunächst von um 10% zunehmendem Strombedarf ausgegangen, vor allem durch Elektrofahrzeuge und die weitere Ausbreitung der Informationstechnik. Andererseits wurde eine Effizienzsteigerung um 20% angesetzt.

Als einzige nicht dezentrale Einspeiser verbleiben die großen Wasserkraftwerke sowie die Offshore Windparks. Damit würden in diesem Szenario in Deutschland über 80% dezentral erzeugt werden. Das ist aber bei anderen europäischen Ländern, die sehr großen Anteil von Wasser, Offshore-Wind oder Geothermie haben können, anders.

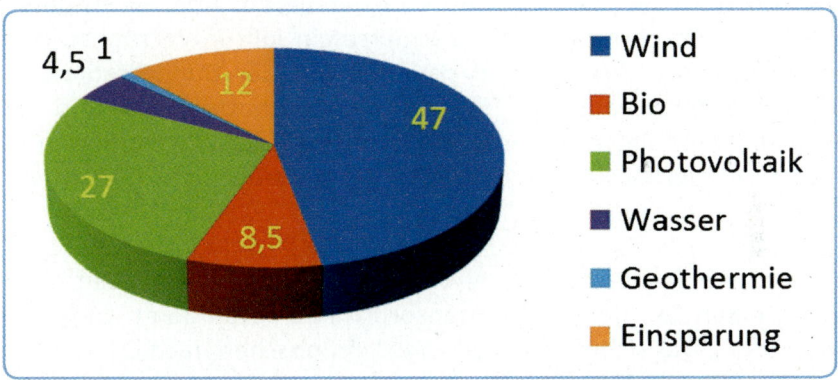

Bild 13: Zusammensetzung einer künftigen 100% erneuerbaren Stromversorgung, Angabe in %. Neben dem Ausbau erneuerbarer Energien ist eine Reduzierung des benötigten Stroms von 12% möglich

5.2 Das Debakel mit der deutschen Offshore-Windkraft

Durch den stetigen Wind auf See ist der Ertrag bei Offshore-Windrädern etwa doppelt so hoch wie an Land, dazu geht nicht wie bei Windkraft an Land die Qualität der Landschaft verloren. Dies rechtfertigt höheren Aufwand. Nach dem Konzept der Bundesregierung soll bis 2020 in Nord- und Ostsee 10 GW Offshore-Windkraft installiert sein, was etwa zehn Großkraftwerken entspricht. Windenergie aus Offshore Großanlagen soll mit 17 bis 19 Cent/kWh vergütet werden, während dezentrale Anlagen nur etwa neun Cent/kWh bekommen. Unter den Betreibern dieser Windparks finden sich die vier großen Energiekonzerne.

Zu Beginn des Jahres 2013 waren in Deutschland erst Offshore-Windenergieanlagen mit insgesamt 0,28 GW Leistung ans Netz angeschlossen [DE13]. In Großbritannien sind Juli 2013 bereits 3,3 GW angeschlossen [SO713], das zwölffache.

Für den Anschluss der deutschen Windparks in der Nordsee war E.ON zuständig. Bei der Übernahme des Netzes von E.ON hat der neue Eigner TenneT die Verpflichtung übernommen, den Anschluss zu realisieren. Aber er entdeckt bald, dass er mit der Vorbereitung der Anschlüsse ein Jahr in Verzug ist, ihm Schadensersatzansprüche drohen, und verlangt von der Bundesregierung eine „Sozialisierung der Schäden" [FA212]. Noch bis 2010 hatten E.ON und Co. mit Gewinnen in zweistelliger Milliardenhöhe geprahlt und Investitionen in die Netzinfrastruktur vernachlässigt. Nun, da diese anstehen, ist E.ON aus der Pflicht.

Der Präsident der Bundesnetzagentur erklärt zu TenneT: „Wir werden nicht umhinkommen, einen Teil der Haftungsansprüche zu sozialisieren". Als der Redakteur bemerkt „Was sich da abspielt, sieht ein bisschen nach Erpressung aus", antwortet er: „Tennet hat unter den vier Übertragungsnetzbetreibern die größten Lasten zu schultern und sieht sich dazu aus eigener Finanzkraft nicht in der Lage ... Hier geht es nicht um Erpressung, sondern um eine objektive Unmöglichkeit" [FA312].

Der Offshore-Windpark „Riffgat" vor Borkum wurde am 10.8.13 offiziell eröffnet – aber ohne Netzanschluss, dieser wird erst für Februar 2014 erwartet. Der Windpark mit einer Kapazität von 108 Megawatt könnte Strom für 120.000 Haushalte liefern. Doch nicht nur, dass er verzögert ist: Die mechanischen Bauteile müssen regelmäßig bewegt werden. Die Stromaggregate schlucken nach Angaben des Betreibers, der Oldenburger EWE, monatlich rund 22.000 Liter Diesel.

Doch dies ist erst ein Vorgeschmack. Weiter im Meer liegende Parks müssen über Hochspannungs-Gleichstromübertragung angeschlossen werden. Für vier der Nordsee-Steckdosen hat Siemens den Zuschlag erhalten. Die Plattform Helwin 1 sollte schon 2012 in Betrieb gehen, wird dies aber voraussichtlich erst 2014. Die Plattform Borwin 2 wird sich auch so lange verzögern [FA712]. Zum Einsatz kommt die moderne Technik „HGÜ Plus", die auf Leistungstransistoren basiert. Mehrere Projekte weltweit hat Siemens damit bereits erfolgreich verwirklicht. In den Sand gesetzt wurde der Bau der Plattformen, auf den die Konverterstationen zur Wandlung des Wechselstroms in Gleichstrom gesetzt werden sollen. Größere Plattformen wurden im Nordsee-Ölgeschäft vielfach gebaut. Doch in dem Fall wurden von Siemens Größe und Gewicht mehrfach nachgebessert, mit entsprechender Projektverzögerung.

Nach Regelung der Bundesregierung erhalten die Windparkbetreiber – darunter die vier Energiekonzerne - ab dem 11. Stillstandstag 90% der Einspeisegebühr. Zwar hat Siemens bereits einige Rückstellungen veranlasst. Es ist jedoch damit zu rechnen, dass der Löwenanteil der Kosten auf den Stromverbraucher umgelegt wird. Fatal werden bereits Erinnerungen an Stuttgart 21 und an den Berliner Flughafen wach. Auch in die Offshore-Projekte floss spekulatives Kapital, unter anderem von den Energiekonzernen. Der ihnen zugesagte Gewinn aus der Bezahlung der Einspeisevergütung – die doppelt so hoch ist wie für Windkraft an Land – soll fließen, obwohl gar kein Strom produziert wird.

Den Schaden am Debakel um die deutsche Offshore-Windkraft werden Haushalte und die Umwelt tragen. Nach derzeitigen Schätzungen werden die von der Bundesregierung anvisierten zehn GW Offshore Wind bis 2020 bei weitem nicht erreicht. Energiekonzerne aber können so lange ihre Kohlekraftwerke höher auslasten und werden gleichzeitig Gebühren für Stillstand bei Offshore kassieren. Sie verdienen doppelt, die Lasten werden „sozialisiert".

5.3 Speicher für elektrische Energie

Wasserkraft, Geothermie und Biomasse sind regelbar. Aber das Energieangebot aus Wind und Photovoltaik ist von der Natur vorgegeben und folgt nicht immer dem tatsächlichen Bedarf. Daher bedarf es eines Ausbaus von Anlagen zur Energiespeicherung. Wir müssen in Deutschland davon ausgehen, dass wir z. B. im November über mehrere Wochen wenig Sonne und wenig Wind haben. Speicher für so große Energiemengen zu bauen ist technisch möglich, aber ein sehr großer Aufwand.

Oberbecken Pumpspeicherwerk Goldisthal

Bild 14:
Oberbecken
Pumpspeicherwerk
Goldisthal.
Fläche 55 ha.
In Betrieb seit
2004. Nutzbarer
Höhenunterschied
300m.

Von diesen Speichern sind die Pumpspeicherkraftwerke in der Höchstspan-
nungsebene (Markersbach, Goldisthal) ausgereift und bewährt. Allerdings ist
ihr Landschaftsverbrauch hoch. Ihr Energieinhalt ist für einige Stunden, evtl.
bis zu einem Tag ausgelegt. Im Schwarzwald, bei Atdorf, plant der Energiekonzern EnBW ein neues großes Pumpspeicherkraftwerk. Dagegen haben sich
Bürgerinitiativen gebildet. Die Gegner fürchten gigantische Eingriffe in die
Natur, insbesondere in den Wasserhaushalt der Schwarzwaldlandschaft.

Pumpspeicherkraftwerke haben den Vorteil eines hohen Wiederverwertungs-
grads (80 bis 85%) über die gesamte Umwandlungskette. Grundsätzlich sind
Pumpspeicherkraftwerke in Zukunft notwendig und sinnvoll. Ob der Standort
Atdorf richtig gewählt ist? Dazu muss man die Eingriffe in die Natur abwägen,
insbesondere auf den Wasserhaushalt, das Ökosystem, sowie auf die weitere
schützenswerte Natur.

Ebenfalls kritisch zu sehen sind aktuelle Pläne, alte Kohlebergwerke im
Ruhrgebiet als Pumpspeicherkraftwerke zu nutzen. Das periodische Füllen
und Leeren der Stollen mit Wasser kann zu Bergschäden führen. Es müssten
aufwändige Betonierung- und Schutzmaßnahmen im Untergrund mit dem
Bau von gigantischen Kavernen durchgeführt werden. Häufig liegt Giftmüll in
stillgelegten Bergwerken, welcher nicht in Kontakt mit Wasser geraten darf.

Große Speicher aus Bleibatterien bewährten sich zur Aufrechterhaltung der Energiequalität im einstigen „Inselnetz" West-Berlin. Ferner gibt es Pilotanlagen zur Druckluftspeicherung. Unterirdische Kavernen können dafür genutzt werden. Bislang ist vorgesehen, diese für die CCS-Technik (Carbon Capture Storage, unterirdische Speicherung von CO2) zu nutzen. Dies ist eine hoch gefährliche Technologie, die nicht notwendig ist und deren mögliche Folgen verheerend sein können.

Die Erzeugung von Wasserstoff oder Methan ist eine Alternative. Kommerziell erhältliche Alkaline-Elektrolysatoren für die Wasserstofferzeugung aus Wasser haben heute einen Wirkungsgrad von über 70%. Nach Herstellerangaben werden auch über 80% erreicht [Kr02]. In Brennstoffzellen kann aus der Verbindung von Wasserstoff und Sauerstoff elektrische Energie gewonnen werden. Praktische Wirkungsgrade erreichen derzeit 50 bis 60%.

Bei der Wandlungskette elektrische Energie - Wasserstoff - Methan - Transport – Gaskraftwerk – elektrische Energie errechnet die Zeitschrift „Sonne Wind & Wärme" einen Wiederverwertungsgrad von 33,5% [SW712]. Der schrittweise Aufbau eines dualen elektrischen und chemischen Netzes, bei weiterer Verbesserung der Wirkungsgrade und Materialien, ist ein Schlüssel für die Energiespeicherung. Solar produzierter Wasserstoff ist ein wichtiger solarer Treibstoff. Seine Erzeugung ist auch ein wichtiger Schritt für die umweltfreundliche Erzeugung von Kohlenwasserstoffen aus Kohlenstoff und Wasserstoff oder zukünftig aus Kohlendioxid und damit für Kohlenwasserstoff-basierte solare Treibstoffe und Materialien [Jo11].

Je nach verwendeter Technologie zur Wandlung von elektrischer Energie in Wasserstoff, Zwischenspeicherung und Rückumwandlung in elektrische Energie, liegt der Wiederverwertungsgrad jedoch derzeit zwischen 30% und 45%. Es müssten also deutlich mehr Photovoltaik- und Windkraftanlagen errichtet werden, wenn Schwankungen der erneuerbaren elektrischen Energie alleine über die Zwischenspeicherung mit Wasserstoff ausgeglichen würden. In der Verbesserung elektrochemischer Energiewandler liegt eine entscheidende Aufgabe von Forschung und Entwicklung, vor allem für die Entwicklung einer solaren Treibstoffversorgung.

5.4 Notwendige Veränderungen der elektrischen Netze

Immer wieder geistern Horrorszenarien durch die Presse. Der Ausbau der erneuerbaren Energien sei unmöglich, weil Bürgerproteste den Ausbau der Netze verhindern, siehe z. B. [ZE1111]. Oder es heißt: „Für den Ausbau der erneuerbaren Energien brauchen wir dringend den zügigen Ausbau der Stromnetze. Damit er vorankommt, müssen wir endlich konkret werden, statt mit einer theoretischen Diskussion über den Ausbaubedarf die Blockade zu kultivieren." (Ex-Umweltminister Röttgen) [FA1111].

Welche Veränderungen sind wirklich notwendig, was muss getan werden und was ist Zweckpropaganda?

Bei seinem Aufbau war die Struktur der Elektrizitätsnetze geprägt von der Stromerzeugung in Großkraftwerken und einer hierarchisch von oben nach unten strukturierten Verteilung an die diversen Verbraucher. Mit dem Aufkommen eines großen Anteils erneuerbarer Energien verändern sich die Anforderungen an die Stromnetze. Der Energiefluss dreht sich teilweise um. Bestimmte Regionen speisen mehr ein als sie verbrauchen. Ein Teil der Erzeugung findet näher, ein anderer Teil weiter vom Verbraucher entfernt statt.

Das elektrische Netz in Europa hat die in Tabelle 3 gezeigte Struktur.

	Spannungs-ebene(n)	Regenerative Einspeiser
Niederspannungsnetz	400 V	Typische private Solaranlagen auf Hausdächern
Mittelspannungsnetz	10kV 20-25 kV	Windräder, große Solaranlagen >500 MW
Hochspannungsnetz	110kV	Größere Windparks
Höchstspannungsnetz	220kV 380kV	Offshore Windparks und große Onshore-Windparks

Tabelle 3: Spannungsebenen des elektrischen Drehstromnetzes in Deutschland.

Netzbetreiber waren die vier Energiekonzerne RWE, EnBW, E.ON und Vatten-fall. Die Bildung diese marktbeherrschenden Konzerne war 1999/2000 abge-schlossen. Badenwerk AG und Energieversorgung Schwaben AG fusionierten zur EnBW. VEBA, seit 1966 privatisiert, fusionierte mit der Münchner VIAG zu E.ON. Die RWE AG, der größte deutsche Stromerzeuger, und die Vereinigten Elektrizitätswerke Westfalen VEW AG fusionierten und behielten den Namen RWE bei [BE11]. Der schwedische Konzern Vattenfall, nach eigenen Angaben der fünftgrößte Stromerzeuger Europas, erwarb 2002 Anteile an den Hambur-gische Elektrizitäts-Werken, an der VEW sowie an der Lausitzer Braunkohle AG, 2003 die Berliner Bewag dazu und Vattenfall Europe AG war komplett. Vattenfall wurde für Ostdeutschland zuständig. Damit war die Herausbildung der vier marktbeherrschenden Konzerne abgeschlossen. Sie waren für das Netz zuständig, aber sie und ihre Vorgänger haben über Jahrzehnte notwendige Instandhaltungsinvestitionen in das Netz vernachlässigt. Das Netz wurde teil-weise regelrecht heruntergewirtschaftet und die Netzdichte verringert.

Die Novelle des Energiewirtschaftsgesetzes von 2011 (setzt die neuen EU Richtlinien und Verordnungen von 2009 um) schreibt u. a. eine „Entflechtung" des Elektrizitätsnetzes vor. Formal wurden Energiekonzerne und Netzbetreiber getrennt. Von einigen Kräften der Umweltbewegung wurde daraus die Vorstel-lung entwickelt, „die Netze durch den Bürger zu übernehmen durch Gründung von Genossenschaften". Das war Illusion, wie sich auch durch die Entwicklung in diesem Jahr bestätigte. Es gab nur in einzelnen Kommunen die Gelegenheit, die regionalen Verteilnetze durch kommunale Betriebe zu übernehmen.

Tatsächlich wurden nur neue Tochtergesellschaften der Energiekonzerne ge-gründet, die als Netzbetreiber fungieren. Das elektrische Netz in Deutschland wird von vier Gesellschaften beherrscht:

Amprion umfasst das frühere Netz der RWE und ist weiter Teil des RWE-Konzerns.

EnBW Transportnetze AG umfasst das Netz der früheren EnBW und ist Tochter des EnBW-Konzerns. Im Februar 2012 wurde der Name abgeändert zu Transnet-BW, denn ein Bezug zur EnBW im Namen darf, laut EU-Richtlinie „zur Stärkung des Wettbewerbs", nicht mehr erkennbar sein.

TenneT TSO GmbH umfasst das frühere Netz des E.ON Konzerns und ist im Besitz der niederländischen Tennet.

50Hertz Transmission umfasst das frühere Netz von Vattenfall. Der Name entstand aus der Umbenennung der Vattenfall Europe Transmission GmbH. 50Hertz wurde im März 2010 an den belgischen Konzern Elia und den australischen Investmentfonds Industry Funds Management (IFM) verkauft. Elia besitzt die Mehrheit der Anteile (60%), IFM besitzt 40% an 50Hertz.

So wurden Kartellverfahren von Seiten der EU-Kommission umgangen, aber an der monopolistischen Struktur hat sich nichts geändert. Es reichte eine Namensänderung. Tatsächlich ging es nicht um Entflechtung:

Bild 15: Netzbetreiber in Deutschland. Die Aufteilung entspricht den Gebieten der vier beherrschenden Energiekonzerne. Bild: [WI13]

Die „Liberalisierung" der Stromnetze leitet eine neue Welle der grenzüberschreitenden Fusionen im Bereich der Energienetze ein.

Alle Ebenen des Drehstromnetzes sind über Transformatoren verbunden. Für das Niederspannungsnetz (400 V Drehstrom) und das Mittelspannungsnetz sind in einigen Regionen dringend Ausbaumaßnahmen erforderlich. In einigen ländlichen Regionen, vor allem in Süddeutschland, sind bereits so viele private Solaranlagen installiert, dass die anfallende Leistung zu Spitzenzeiten nicht mehr abgeführt werden kann.

In anderen Regionen ist das Netz vorerst ausreichend ausgebaut. So erfolgte nach 1990 im Stadtgebiet Chemnitz eine Erneuerung, und das Nieder- und Mittelspannungsnetz hat noch viele Reserven.

Gegen die pauschale Forderung nach Netzausbau sprechen folgende Entwicklungen:

Regenerative Energie wird zum großen Teil regional erzeugt und regional verbraucht. Damit wird in überregionalen Leitungen in andere Regionen weniger übertragen. Daraus leiteten Netzbetreiber bereits die Forderung ab, ihre Durchleitungsentgelte zu erhöhen, da sie faktisch weniger transportieren werden.

„Smart Cities", wozu v. a. in Asien Pilotprojekte entstehen, versorgen sich gar autark regenerativ. Damit verwandt sind „Smart Grids", wozu an Universitäten Forschergruppen bestehen. Smart Grids sind lokal. Durch intelligente vorausschauende Planung werden Energiespeicher gefüllt, bevor eine Situation hoher Last auftritt. Man braucht dann weniger Einspeiser als die Lastspitze der Verbraucher. Heute stehen für lokale Lösungen Batteriespeicher zur Verfügung, die aber wegen der hohen Kosten kaum realisiert werden. Auch die energetische Effizienz ist ein Problem. Die Regelung ist mit heutiger Technik dagegen vergleichsweise trivial. In der Regel wird bei „Smart Grid" Projekten simuliert was wäre, wenn man einen Speicher hätte. Experimentelle Forschung wird wenig betrieben[2]. Leistungselektronische Wechselrichter großer Windräder oder großer Solaranlagen werden künftig auch zur Blindleistungskompensation eingesetzt. Damit reduzieren sie die Belastung der Netze und ihrer Transformatoren, die weniger mit Blindleistung beaufschlagt werden.

Die Frage des Netzausbaus auf regionaler Ebene muss daher sorgfältig abgewogen werden. Im Jahr 2010 sind bereits bis zu 150 Gigawattstunden der potentiellen Windstromerzeugung verloren gegangen, weil die Netzbetreiber Anlagen abgeschaltet haben, obwohl 2010 ein relativ schlechtes Windjahr war [EC1111]. Auch zahlenmäßig nahmen diese als Einspeisemanagement („EinsMan") im Erneuerbare Energien Gesetz geregelten Abschaltungen massiv zu. Gab es 2009 noch 285 sogenannte „EinsMan"-Maßnahmen, waren es 2010 bereits 1085. Der durch Abschaltungen verloren gegangene Strom entspricht einem Anteil von bis zu 0,4 Prozent an der in Deutschland im Jahr 2010 insgesamt eingespeisten Windenergie.

---

[2] Derzeit werben Energiekonzerne für „SmartMeter", ein sogenanntes „intelligentes Lastmanagement". Diese Geräte, gegenwärtig z. B. von RWE vermarktet, zeigen den Stromverbrauch zum aktuellen Zeitpunkt an. Dann sieht man, dass die Waschmaschine Strom verbraucht, was aber mancher Verbraucher auch schon vorher wusste. Dafür hat er nun an die RWE z. B. 279 Euro gezahlt. Der Energieversorger hat den Vorteil, dass er nun keinen Ableser mehr schicken muss, sondern die Daten regelmäßig über das Mobilfunknetz abrufen kann.

Dass dies an zu schwachen Netzen lag, ist allerdings nicht belegt. Es wird auch argumentiert, Atomstrom habe „die Netze verstopft". Das Ausschalten von Windparks (Abregelungen) ist im Wesentlichen darauf zurückzuführen, dass zu viele nicht regelbare Kraftwerke (AKWs) oder sehr träge regelbare Kraftwerke (Kohle) am Netz sind. In der Regel sind solche Entscheidungen mit dem Stromhandel an der Strombörse Leipzig verquickt. Beispiele dafür, wie die Situation eines negativen Strompreises, werden im Kapitel 7 behandelt.

Wo lokal sehr viel Windenergie installiert wurde, muss lokal Abhilfe geschaffen werden. Daher kann auch der Ausbau des Hochspannungsnetzes zum Anschluss von Windparks an der Küste notwendig sein. Vor allem aber entsteht ein Bedarf, regenerativen Strom aus den günstigeren Windstandorten im Norden in Zukunft nach Süddeutschland zu transportieren. In Süddeutschland bestehen andererseits günstigere Bedingungen für Photovoltaik. Darauf wird unten weiter eingegangen werden.

Ein hochentwickeltes Netz, welches tatsächlich auf die Bedürfnisse der Menschen ausgerichtet ist, ist eine fortschrittliche Produktivkraft. Die Forderung nach vollständiger Regionalisierung der Energieversorgung im Sinne von Energieautonomie ist dagegen nicht richtig. Warum?

• die Vorteile wind-, sonne- und waldreicher bzw. geothermisch günstiger Regionen, könnten weniger oder nicht genutzt werden.

• eine ausschließlich regionale Speicherung von elektrischer Energie durch Batterien, chemische Energieträger etc. wäre mit höheren Umwandlungsverlusten verbunden, als ein Ausgleich von Schwankungen durch HGÜ-Fernnetze.

• hochproduktive Verfahren der Großindustrie, die teilweise viel Energie benötigen, wären nur in günstigen Regionen zu betreiben.

• Die Vorstellung, dass durch eine Regionalisierung die Macht der Energiemonopole gebrochen werden könnte, ist illusionär. Dies erfordert vielmehr grundlegende Änderungen der gesellschaftlichen Verhältnisse

5.5 Szenario für 100% erneuerbare elektrische Energie im länder-
übergreifenden Maßstab

Bestimmte Länder bieten sehr viel günstigere Standorte für die jeweilige Form der erneuerbaren Energie als Deutschland. Bild 16 zeigt, wie wenig Fläche in der Sahara notwendig wäre, um den Stromverbrauch Deutschlands, Europas und gar der ganzen Welt zu decken.

Die Idee einer optimalen Standortwahl für regenerative Energien und einer internationalen Vernetzung besteht schon länger. 1999 publizierte der Physiker Gregor Czisch durchdachte Studien, wobei sein Verbund vom Norden Russlands bis weit nach Afrika reichte [Cz99].

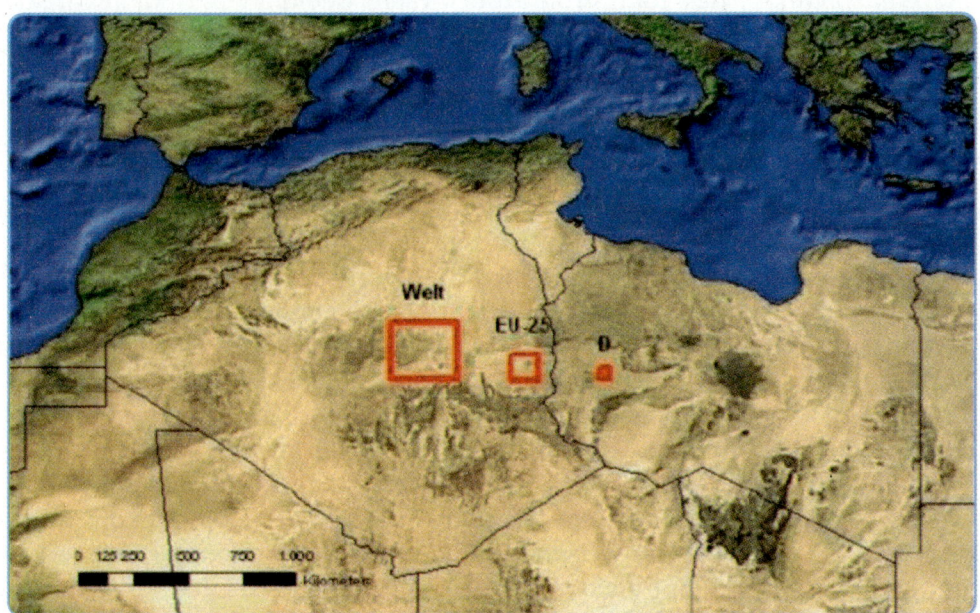

Bild 16: Theoretischer Platzbedarf für Solarkollektoren, um in solarthermischen Kraftwerken den elektrischen Energiebedarf der Welt, Europas (EU-25) bzw. Deutschlands zu erzeugen. Quelle: TREC [TR00]

Er zeigte Szenarien einer regenerativen Vollversorgung Europas und seiner Nachbarn. 2005 promovierte er an der Uni Kassel zu diesem Thema [Cz05]. In seinen Arbeiten ist die Windenergie der Leistungsträger bei der Erzeugung, wegen ihrer vergleichsweise niedrigen Kosten. Ein wichtiges Ergebnis war, dass eine erneuerbare Vollversorgung bei großräumiger internationaler Kooperation nicht teurer sein muss als unsere heutige Stromversorgung und perspektivisch sogar deutlich günstiger sein kann.

2003 wurde auf Initiative der deutschen Sektion des Club of Rome und des Hamburger Klimaschutzfonds die Trans-Mediterranean Renewable Energy Cooperation (TREC) gegründet. 2009 entstand aus TREC zunächst die Desertec Foundation, die als deren Nachfolgeorganisation gilt. Danach wurde die Desertec Industrial Initiative (DII) auf Initiative der Münchener Rückversicherungs-Gesellschaft (MunichRe) gegründet. Federführend dabei sind nun die MunichRe, Siemens, ABB, Deutsche Bank, E.ON, RWE. Deutsche Konzerne bestimmen das Bild. Aus Spanien beteiligte sich der Konzern Abengoa. Deutsche Konzerne und Banken dominieren die Initiatoren. Das Projekt wurde gestartet ohne Beteiligung der betroffenen Staaten in Nordafrika, was neokoloniale Züge hat. Erst 2010 kam es zu einem Abkommen mit Marokko, wo bis 2016 ein solarthermisches Kraftwerk gebaut werden soll. Mit 500 MW ist es ein bescheidenes „Referenzprojekt", das zum Stromexport kaum geeignet sein kann. Czisch kritisiert den langsamen Zeitplan der DII und das vordringliche Setzen auf die Solarthermie, anstatt die riesigen Windpotentiale Nordafrikas zu nutzen.

Hermann Scheer, ein Pionier der Idee des Einsatzes der erneuerbaren Energien und Träger des Alternativen Nobelpreises, kritisierte Desertec als Alibi-Projekt, um in Wirklichkeit so gut wie nichts zu tun. Was sich bisher abzeichnet, gibt ihm Recht. Hermann Scheer forderte stattdessen einen Ausbau dezentraler Formen der erneuerbaren Energie in Deutschland. Er verband damit den Gedanken, die Macht der Energiekonzerne zurückdrängen zu können, er sah dies als „4. Revolution" hin zu einer „Energiedemokratie". Die Vorstellung, durch die Einführung von dezentraler Kleinproduktion demokratischere Verhältnisse erreichen zu können ist eine Illusion, die in vielen Organisationen für erneuerbare Energien verbreitet ist. Solange Konkurrenz herrscht, wird aus Kleinkapital Großkapital werden. Selbst bei ehemals kleinen und mittelständischen Firmen zur Produktion von Anlagen für erneuerbare Energien besteht heute der Trend zur Herausbildung einzelner weltmarktbeherrschender Monopole. Die „Verlierer" im Konkurrenzkampf bleiben auf der Strecke. In der ersten Jahreshälfte 2012 ereilte einen Großteil der schnell gewachsenen Hersteller von Solarzellen in Deutschland dieses Schicksal.

Es ist notwendig, auch Großtechnik gegen die Klimakatastrophe einzusetzen, wenn sie gegenüber dezentralen Techniken Vorteile liefert. Dabei ist aber stets auf Natur und Umwelt Rücksicht zu nehmen. Jeder Eingriff in die Natur muss sorgfältig abgewogen werden.

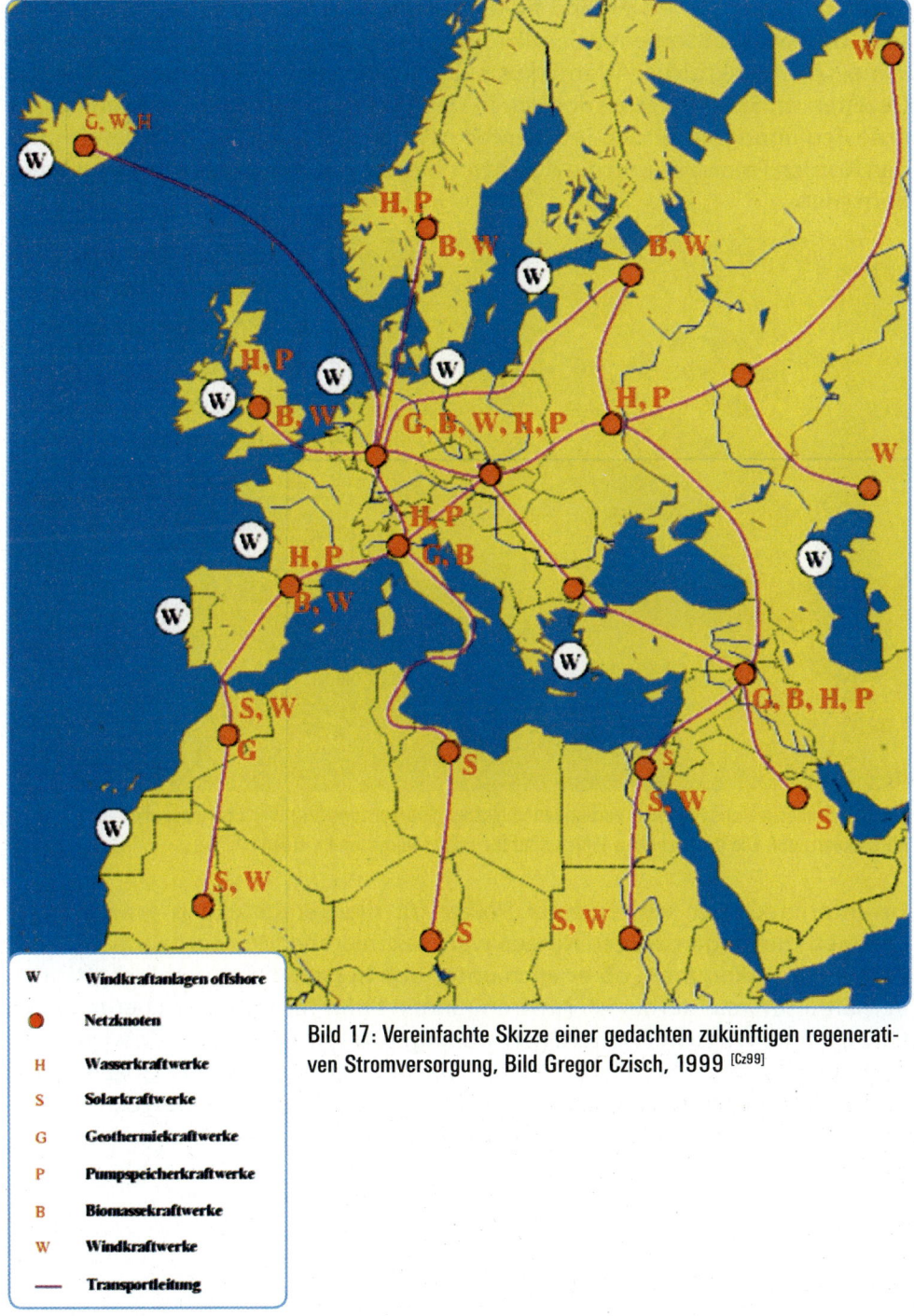

Bild 17: Vereinfachte Skizze einer gedachten zukünftigen regenerativen Stromversorgung, Bild Gregor Czisch, 1999 [Cz99]

Spanien, Sizilien, Griechenland bieten relativ gute Standorte für solarthermische Kraftwerke. Spaniens Atlantikküste verfügt über regelmäßigen intensiven Wind. An Frankreichs Atlantikküste bestehen sehr hohe Hübe durch die Gezeiten. In Serbien, Mazedonien, in der Türkei und in Italien bestehen sehr gute Bedingungen für die Geothermie. Weitere Überlegungen beziehen auch den Norden Finnlands und die Küste Norwegens ein, wo gute Windverhältnisse herrschen.

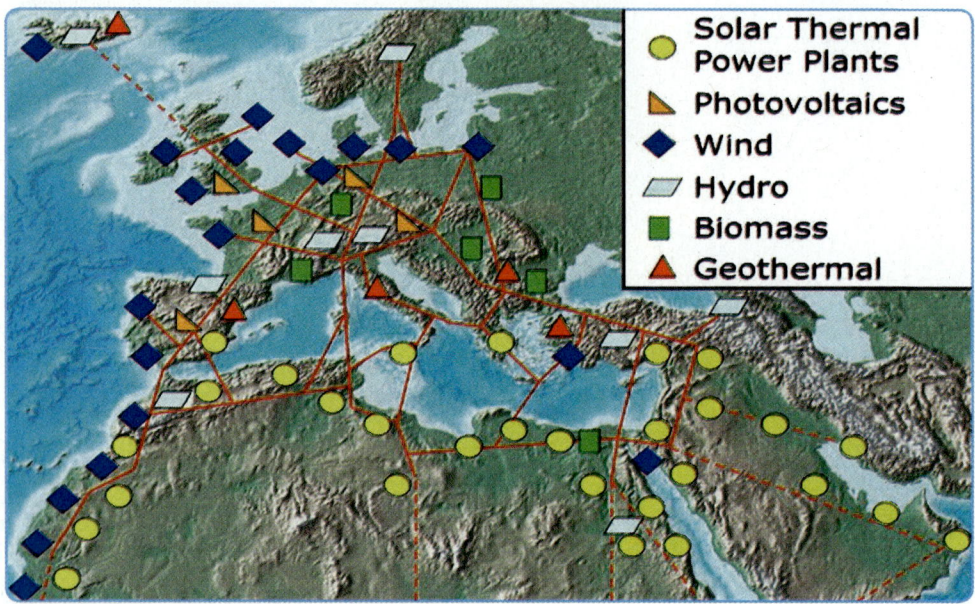

Bild 18: Szenario eines mit HGÜ verbundenen Netzes diverser regenerativer Energiequellen im Mittelmeerraum. Die gestrichelten Linien sind für später vorgesehen. Quelle [TR05]

Ein internationaler Verbund der Völker für die Bereitstellung erneuerbarer Energien zum gegenseitigen Nutzen wäre faszinierend. Wir werden später noch darauf zurückkommen, ob er auch unter den bestehenden gesellschaftlichen Verhältnissen realisierbar ist. Anstrengungen dafür müssen schon heute gegen kurzsichtige Wirtschaftsinteressen durchgesetzt werden. Für einen solchen Verbund, bei dem bei Flaute in der Nordsee die Energie aus Griechenland und Spanien kommt, hat das bestehende Drehstrom-Netz der UCTE keine ausreichenden Übertragungskapazitäten.

Dagegen ist die Energieübertragung mittels HGÜ auch über große Strecken verlustarm möglich. In China ging vor kurzem eine HGÜ-Leitung (800 kV, 6,4 GW) in Betrieb. Von Xiangjiaba in das Ballungszentrum Shanghai, über eine Entfernung von mehr als 2000 km. Eine Hochspannungs-Gleichstrom-Leitung kann gegenüber einer 380 kV Freileitung bei gleichem Leitungsquerschnitt - also gleichem Einsatz von Metall – deutlich größere Energiemengen übertragen. Bei gleicher Spannung ca. das Dreifache. Realisiert als Freileitung beträgt der Landschaftsverbrauch im Vergleich nur etwa ein Drittel. Würde man echte Stromautobahnen, mit der leistungsstärksten marktverfügbaren HGÜ-Technik, als Doppelsystem mit zwei mal zwei Polen auf einem Mast bauen, ließe sich über solche Trassen etwa die zehnfache Leistung der in Deutschland üblichen 400 kV Drehstromdoppelsysteme übertragen [Cz10]. Die Technik v. a. für die Umrichterstationen kommt aus Europa (Siemens, ABB). Auch ist die Verlegung unter Wasser oder unter die Erde möglich. Die Kabel für die höchsten Spannungen sind zwar 2012 noch nicht verfügbar, aber es gibt kein prinzipielles Hindernis. Die Technik könnte in recht kurzer Zeit eingesetzt werden.

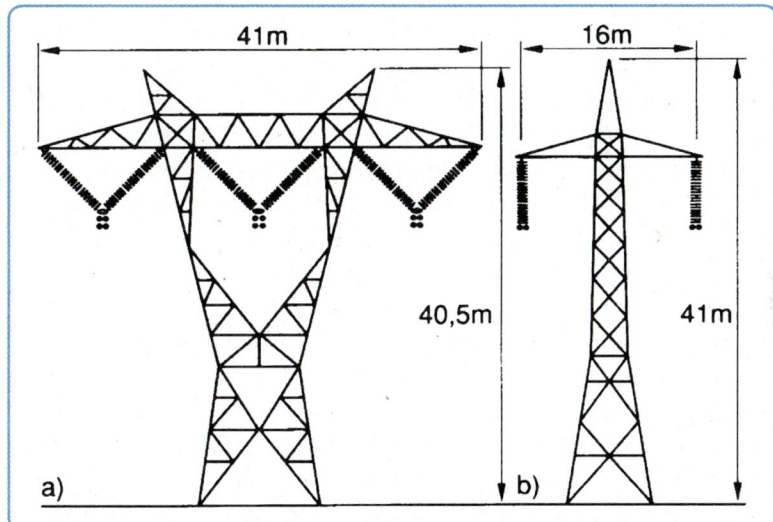

Bild 19: Vergleich des Flächenbedarfs einer Drehstrom-Freileitung (a) und einer Gleichstrom-Freileitung. Quelle [Do12]

Die HGÜ ist keine Technik ferner Zukunft, sie wird seit Jahrzehnten weltweit eingesetzt. Auch in Europa wird sie genutzt, wenngleich bisher auch nur für den Seetransport großer elektrischer Leistungen. So ging in Europa 2009 eine Leitung von Norwegen nach Holland in Betrieb. Norwegen hat eine besondere Situation. Die installierte Leistung an Wasserkraft reicht bereits, das Land zu 100% zu versorgen. Das norwegische Öl hat eine begrenzte Reichweite, beim staatlichen Ölkonzern bestehen hohe Überschüsse.

Zwei HGÜ-Leitungen mit einer Übertragungsleistung von 1,4 GW sind von Norwegen nach Deutschland von norwegischer Seite seit längerem angestrebt und geplant. Die Beteiligten, vor allem norwegische Energiekonzerne, kritisierten Verzögerungen bei der Genehmigung durch die Bundesnetzagentur [RP910,NO10]. Sie wollen Strom aus Wasserkraft, der nach Bedarf geregelt werden kann, als Regelenergie auf den deutschen Markt bringen. Beide norwegischen Projekte sollen bis 2015/2016 verwirklicht werden [NO10].

Norwegens Potential an Wasserkraft beträgt 125 TWh pro Jahr, das ist knapp ein Viertel des Stromverbrauchs Deutschlands [Pe09]. Es bestehen weiterhin Pläne, in Zukunft zusätzlich große Mengen Windstrom nach Mitteleuropa zu exportieren. Die Windverhältnisse in der nördlichen Nordsee versprechen eine hohe Auslastung. Würde Norwegens lange Küste mit Windrädern bestückt, könnte Norwegen rein rechnerisch den Strombedarf ganz Mitteleuropas decken. Das Potential für Offshore-Wind ist noch weit höher. 2009 wurde das durch Norwegen finanzierte Projekt „Zuverlässigkeit der Leistungselektronik in Offshore-Anwendungen" gestartet [SI10], in das in Deutschland die TU Chemnitz einbezogen wurde. Anvisiert sind Investitionen in Windparks mit einer Leistung, die der von 40 bis 50 Großkraftwerken entspricht. Die Fertigstellung wurde für für einen Zeitraum von 10 bis 20 Jahren angedacht. Norwegen wurde als künftige „Grüne Batterie Europas" diskutiert. Im Verlauf 2012 wurde aber in Norwegen der Fokus der Energieforschung auf Projekte wie Förderung von Öl aus großer Tiefe in der nördlichen Nordsee gelegt und die Anstrengungen für erneuerbare Energien zurückgefahren. Das Bohren nach Öl in der Tiefsee ist eine hochriskante stark umweltgefährdende Technik.

Spanien hat ausgezeichnete Verhältnisse für Sonne und Wind. Mitte 2012 waren Photovoltaikanlagen einer Kapazität von 4.3 GW sowie solarthermische Anlagen von 1.6 GW Kapazität installiert. Solarthermische Anlagen konzentrieren die Sonnenenergie über Spiegel und erzeugen Wärme, aus der schließlich ähnlich einem konventionellen Kraftwerk elektrische Energie gewonnen wird. Sie haben die Möglichkeit, die Wärme zu speichern und den Strom auch abends und nachts zu liefern. Durch die stark gefallenen Preise der Solarzellen hat sich aber auch in Spanien der Schwerpunkt auf die Photovoltaik verschoben. Solarzellen in Spanien liefern etwa den doppelten Ertrag als in Deutschland. Solarthermie ist aber aufgrund der Möglichkeit der Energiespeicherung eine wichtige Zukunftstechnologie.

Bild 20: Solarthermisches Kraftwerk der Kapazität von 19.9 MW in Sevilla, Spanien. Die Fläche beträgt 18 Hektar. Um den 140 Meter hohen Turm in der Mitte reihen sich 2650 Spiegel, jeweils 10 x 10 Meter. Inbetriebnahme 27.5.2011. Quelle [DG11], Photo: Torresol Energy

An Windenergie war in Spanien 2011 eine Kapazität über 21,6 GW installiert. Der Windanteil am gesamten Stromverbrauch betrug 2011 15,9%, in einigen Regionen über 60%. Zum Vergleich, der Anteil der Windenergie in Deutschland 2011 war 7,5%. Der Anteil erneuerbarer Energien wuchs in Spanien sehr schnell aufgrund der ausgezeichneten natürlichen Bedingungen. Die Wirtschafts- und Finanzkrise seit 2009 traf Spanien sehr hart. Heute sind über 50 % der jungen Menschen arbeitslos. Auf dem Gebiet der erneuerbaren Energien wäre die Schaffung einer Menge sinnvoller Arbeitsplätze notwendig.

Dänemark erzeugte 2010 24% seines Gesamtstroms aus Windkraft. In einzelnen deutschen Bundesländern ist der Erzeugungsanteil noch höher. Dänemark hat eine installierte Leistung an Windkraft von 3,734 Gigawatt, die in derselben Größenordnung ist wie sein mittlerer Stromverbrauch (4 GW). Die weiteren genannten Technologien könnten leicht den elektrischen Energiebedarf aller beteiligten Länder decken, wobei jeder Standort optimal genutzt werden kann. Großtechnik und dezentrale Energieerzeugung können sinnvoll verbunden werden.

Da es sehr selten ist, dass gleichzeitig in Norwegen kein Wind weht und in Spanien keine Sonne scheint, wird der Aufwand an Speicherkraftwerken nun viel geringer. Energie aus Geothermie, Biomasse und Wasserkraft kann als Regelenergie eingesetzt werden zum Ausgleich von Schwankungen von Photovoltaik und Wind. Auch die Solarthermie lässt sich durch Tageswärmespeicher so regeln, dass auch nachts durchgehend Strom erzeugt werden kann.

Bild 21: Das TuNur-Projekt. 2 GW Energie aus solarthermischen Kraftwerken sollen nach Italien geliefert werden.
Quelle: Nur Energy [NE12].

Auch die nordafrikanischen Länder können sich als Lieferanten von Solar- und Windstrom anbieten. Zur Überraschung der deutschen Konzerne, die an Desertec beteiligt sind, trat Januar 2012 ein weiterer Akteur auf den Plan. Der Konzern „Nur Energy" (Nur heißt auf Arabisch Licht, Sitz in Großbritannien, Aktivitäten vor allem im Mittelmeerraum) startet gemeinsam mit Top Oilfield Services (Tunesien) ein Projekt, Strom in solarthermischen Kraftwerken in Tunesien zu erzeugen und über eine HGÜ-Leitung von Tunesien nach Italien zu verkaufen [FA112]. Spatenstich der ersten Bauphase soll 2014 sein. Im Endausbau sollen 2 GW nach Italien übertragen werden. Die industrielle Infrastruktur für den Bau der Solarkraftwerke soll in Tunesien entstehen.

Das Szenario eines großräumigen Energieaustausches ist technisch gangbar. Daher sollten die Weichen dafür gestellt werden. Die bisher konkret geplanten Großprojekte müssen geprüft werden, ob sie damit verträglich sind. Die geplante 380 kV Wechselstromleitung durch den Thüringer Wald ist unnötig. Es wird sowieso eine Nord-Süd HGÜ durch Deutschland notwendig, siehe Bild 18 und Bild 22. Die HGÜ kann als Kabel durch Gebiete mit schützenswerter Landschaft unterirdisch verlegt werden. Der Eingriff in die Landschaft ist vergleichsweise gering.

In Deutschland bestehen vor allem im Norden günstige Bedingungen für die Windkraft. Es wird ein Transport elektrischer Energie von Nord nach Süd notwendig (Bild 22), wobei sich der Weg allerdings bei hoher Einspeisung der Solaranlagen v. a. im Süden auch umkehren kann.

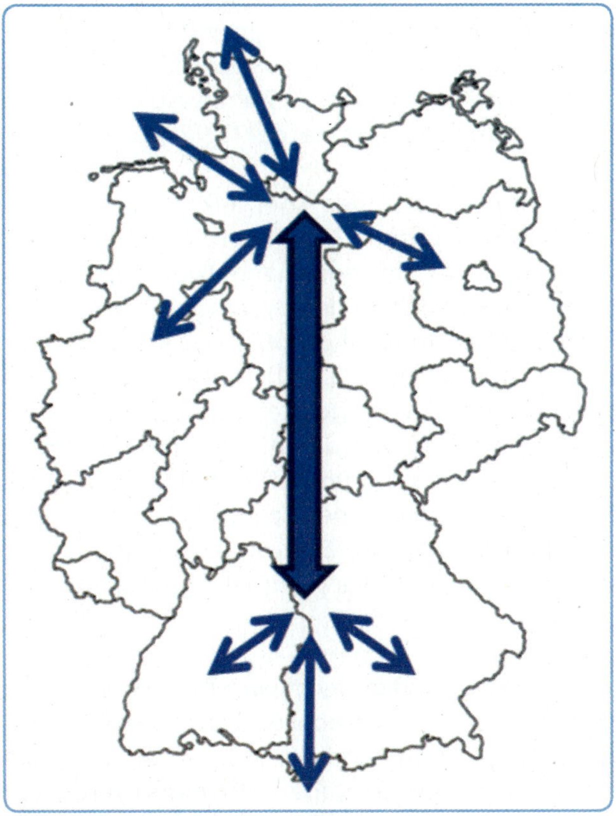

Es ist also technisch ein Szenario mit 100% erneuerbarer elektrischer Energie möglich. Doch die politischen und gesellschaftlichen Rahmenbedingungen sind, dass der Strommarkt Europas durch multinationale Konzerne beherrscht wird. Im Folgenden werden wir sehen, worauf deren Konzepte hinauslaufen. Bei dem geplanten Netzausbau geht es nicht um erneuerbare Energie, sondern um etwas Anderes.

Bild 22: Modell künftigen Energieflusses in Deutschland. In Anlehnung an [Re11].

6. Das Milliardenprojekt „Stromautobahnen"

Im Oktober 2010 malte die deutsche Energieagentur (Dena) die Gefahr eines „Netzkollaps" durch zu viel Solarenergie an die Wand und forderte eine Deckelung des Zuwachses an Photovoltaik [FP1010]. Trotz starken Zubaus 2011 und 2012 trat der Netzzusammenbruch nicht ein. Am meisten gefährdet war das Netz in Deutschland im Februar 2012. Trotz hohen Verbrauchs wurden zu geringe Strommengen bei den Kraftwerken abgerufen. Gefährdet war das Netz nicht durch erneuerbare Energie, sondern durch Spekulation.

In seiner Broschüre „Energiewende!" 01/2012 von Januar 2012 fordert das Bundesministerium für Wirtschaft „mehrere tausend Kilometer neue Leitungen". Die konkreten Pläne wurden erst Mitte 2012 veröffentlicht, aber man kündigte bereits an, dass „bis 2020 über 50 Milliarden Euro investiert werden müssen." Dafür gelte es „Investitionshemmnisse aus dem Weg zu räumen". Und: „Am Ende werden alle Stromverbraucher die Kosten spüren". Zum Ausgleich soll die „überzogene Förderung von Solarstrom korrigiert werden" [BW112].

2012 legte die Bundesregierung auf Vorlage der Energiekonzerne diesen Plan zum Netzausbau vor. Angeblich für erneuerbare Energie? Im Buch der Netzspezialisten Jarass und Obermair wird dies auseinandergenommen [Ja12]. Man könnte sehr viel mehr Strom in bestehenden Hochspannungstrassen führen - bei Einsatz von Leiterseiltemperaturmonitoring + 50% (S. 98), bei Einsatz von Hochtemperaturleiterseilen um mehr als 50% (S. 101). Diese Möglichkeiten werden im Netzentwicklungsplan gar nicht ausgelotet. Vielmehr verlangt dieser - gerade mit Blick auf die Ost-West Leitung durch den Thüringer Wald, dass „trotz einer hohen Windenergieeinspeisung (in Ostdeutschland) ... auch die thermischen Erzeugungseinheiten mit einer hohen Leistung ... einspeisen". Dies ist wörtlich aus dem Netzentwicklungsplan, Entwurf 2012, zitiert. Hier sind wir beim Kern. Die sächsischen Braunkohlewerke müssen gleichzeitig auf Hochlast fahren.

Warum das, wenn doch der Bedarf durch Wind gedeckt wäre? Die Gründe sind andere. Es liegt auf der Hand, es ist für den Stromhandel und Stromexport. Also, „überdimensionierter Netzausbau" für Stromhandel und Stromexport - die Kosten dafür sind allerdings nicht von denen zu tragen, die daran verdienen werden, sondern „werden dem inländischen Stromverbraucher aufgebürdet". Denn damit werden „die Exportpreise für elektrische Energie vom deutschen Stromverbraucher quersubventioniert" (S. 247). Zu ergänzen wäre noch, von den Haushalten. Die industriellen Großverbraucher werden damit nicht belastet.

Der Netzausbau, angeblich für erneuerbare Energien, stellt sich nun als Netzausbau für das „freizügige künftige Marktgeschehen" (Zitat aus dem Netzentwicklungsplan, Entwurf 2012) heraus. Was zurzeit gebetsmühlenartig in den Medien wiederholt wird, wird von Jarass und Obermair als Unwahrheit entlarvt.

Immer wieder werden die technischen Mängel dieser Pläne angesprochen. So ist auch die verlustarme moderne Technik der Hochspannungsgleichstrom-übertragung (HGÜ) vorgesehen. Die Autoren kritisieren, dass diese völlig unterdimensioniert ist. Denn sie könnte den Ausbau konventioneller Leitungen überflüssig machen.

Ampiron plant zusammen mit Transnet BW das so genannte „Ultranet", das mit Gleichstromtechnik über 430 Kilometer Windstrom vom Nordrhein nach Baden-Württemberg führen soll. Ultranet soll über eine Kapazität von 2.500 Megawatt verfügen [TO12]. Endpunkte der Leitung sollen in Wesel am Niederrhein und im Raum Stuttgart liegen. Gedacht ist auch, bestehende 380 kV Drehstrom-Trassen dafür zu nutzen.

Allerdings ist der Name „Ultranet" deutlich übertrieben, denn die Kapazität ist nicht ausreichend für die im internationalen „Supergrid" erforderliche Nord-Süd-Trasse (Bild 19). Anstatt einer „Autobahn" wird es eher eine Landstraße werden. Die Planungen sind nicht auf eine Vollversorgung mit regenerativer Energie in kurzer Zeit ausgerichtet. Es ist vor allem abzusehen, dass kurzsichtig gedacht wird und die „Stromautobahnen" zu Milliardenprojekten mit wenig Nutzen für die Umwelt werden. Milliarden für die, die sich in der Vergangenheit nicht um die Förderung der regenerativen Energien verdient gemacht haben.

Diese Energiekonzerne haben die Investitionen in ihre Netze im Zeitraum 1995 bis 2004 halbiert und gleichzeitig mit Milliardengewinnen geprahlt. Jetzt sollen die privaten Stromkunden zur Kasse gebeten werden.

Alles steht unter dem Schlagwort „Energiewende (!)". Dabei hat diese noch gar nicht stattgefunden. Eine „Wende" ist erst dann gegeben, wenn alle Atomkraftwerke abgeschaltet werden und Kurs auf 100 % erneuerbare Energien genommen wird. Das Milliardenprojekt „Stromautobahnen" ist geplant für den Stromhandel national wie europaweit. Es soll vom Stromverbraucher und Steuerzahler finanziert werden, für bessere Bedingungen für Gewinne im europäischen Strommarkt. Die Vollversorgung mit erneuerbaren Energien ist nicht beabsichtigt.

7. Der Strompreis

Es ist zu unterscheiden zwischen dem Strompreis auf dem Strommarkt, der Großhändlern zur Verfügung steht, und dem Strompreis, den Privathaushalte zu bezahlen haben. Der Großhandelspreis wird an der European Energy Exchange (EEX) mit Sitz in Leipzig (Leipziger Strombörse) gebildet. Allerdings handeln die vier Energiekonzerne 80% des von ihnen erzeugten Stroms nicht über die EEX, sondern in sogenannten „Over the Counter" Verträgen [Be11]. Damit haben die Konzerne zahlreiche Möglichkeiten zur Manipulation. So betrug der Großhandels-Strompreis während der Basisstunden 2002 im Durchschnitt 2,6 ct/kWh, er stieg auf 5,4 ct (2006) und nach kurzem Rückgang 2007 erreichte er 2008 sogar 6,8 ct [Ma13]. Das brachte Konzernchef Werner Marnette, damals Vorsitzender des Energieausschusses beim BDI, so in Rage, dass er im ZDF-Magazin Frontal 21 von „vier Besatzungszonen" sprach. Kurz darauf musste er seinen Sessel räumen [Be11].

Der Strompreis für die Verbraucher unter Verhältnissen der Beherrschung des Markts durch vier Konzerne ist in seinem Wesen nicht ein Marktpreis, sondern ein Monopolpreis. Er ist nicht vor allem durch Angebot und Nachfrage bestimmt, sondern durch Profitgier. Seine einzige Obergrenze ist die Zahlungsfähigkeit der Gesellschaft.

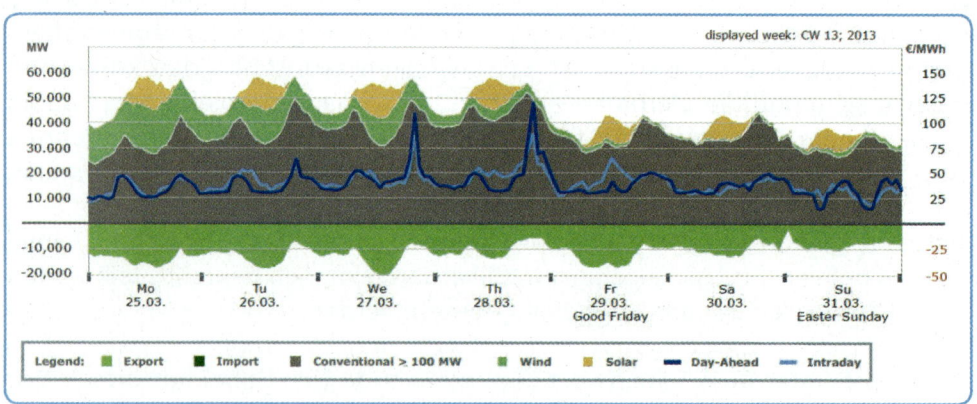

Bild 23: Stromerzeugung, Stromexport und Strompreis an der Energiebörse EEX, Woche 13/2013. Stromimport fand in dieser Woche nicht statt. Day Ahead: Preis für Kauf am Tag vorher. Intraday: Preis für Kauf an diesem Tag. Quelle [Ma13].

Da inzwischen etwa ein Viertel des Stroms aber aus erneuerbaren Quellen eingespeist wird, hat sich auch das Preisgefüge verändert. Bild 23 zeigt die Entwicklung am Spot Markt EEX für die Woche 13 im Jahr 2013, die Erzeugung, Export/Import sowie die Preise am Vortag und während des jeweiligen Tages.

Der Preis in den Nachtstunden ist auf etwa 30 Euro pro MWh (entspricht 3 ct/kWh) gefallen, der Grundpreis schwankt darum. Aber in derselben Gegend liegt der Preis zu Zeiten der Tageslastspitze. Ausschläge nach oben gibt es nun typisch zu Zeiten von wenig Einspeisung von Wind und Sonne. Wenn Wind und Sonne viel einspeisen und der Verbrauch gering ist, kann der Spotpreis auch ins Negative fallen.

Der niedrigere Großhandelspreis wird allerdings nicht an die Verbraucher weitergegeben, im Gegenteil. Von 2000 bis 2012 ist der Strompreis eines Durchschnittshaushalts von 13,94 ct/kWh auf 25,74 ct/kWh gestiegen. Die EEG-Umlage für Strom aus erneuerbarer Energie stieg von 0,41 ct/kWh (2003) auf 5,28 ct/kWh (2013), macht also den kleineren Teil dieser Preissteigerung aus. Die EEG-Umlage wird ermittelt aus der Differenz zwischen den Einspeisern regenerativer Energie bezahlten Preisen und dem Großhandelspreis. Durch das Sinken des Großhandelspreises steigt die EEG-Umlage. Vom gesunkenen Großhandelspreis wurde nichts an die Verbraucher weitergegeben. Durch den gesunkenen Großhandelspreis aber erhalten die Energiekonzerne höhere Beträge aus der EEG-Umlage.

Industrielle Großverbraucher beziehen ihren Strom aus langfristigen Verträgen mit den Energiekonzernen, ihr Strompreis liegt in der Größenordung des Großhandelspreises. Sie profitieren von dem durch Wind- und Solarstrom gefallenen Großhandelspreis. „Großkunden", die mehr als 10 Gigawattstunden verbrauchen, werden nicht nur bei der Umlage nach dem Erneuerbare-Energien-Gesetz (EEG) begünstigt, nach der Stromnetzentgeltverordnung werden sie vom Netzentgelt befreit. „Haushalte zahlen für den Billigstrom der Unternehmen", titelt die FAZ [FA1111]. Das Netzentgelt macht pro Privathaushalt im Mittel 5,75 ct/kWH (2011) aus [FAa312]. 1.600 Unternehmen erwarten eine Befreiung vom Netzentgelt über 400 Millionen Euro. Dies wird auf alle übrigen Stromkunden umgelegt [FAa312]. Die EU-Kommission prüft die Einleitung eines Verfahrens gegen Deutschland wegen „staatlicher Beihilfe" für die begünstigten Großunternehmen [FP713].

Erneuerbare Energien werden als Schuldige am hohen Strompreis ausgemacht. Machen wir die Rechnung einmal anders auf. Im Jahr 2012 wiesen die vier Energiekonzerne zusammen einen Gewinn vor Steuern von 29 Milliarden Euro aus. Etwa 60% des Stroms beziehen Industrie, Handel und Gewerbe. Die klein- und mittelständischen Betriebe haben sehr verschiedene Tarife, sie werden aber ebenfalls mit hohen Strompreisen belastet. Vereinfachen wir, dass die Hälfte dieses Gewinns von den Haushalten stammt. Es bestehen 40,66 Millionen Haushalte in Deutschland. Das macht dies pro Haushalt 356,62 Euro im Jahr und 29,72 Euro pro Monat. Der durchschnittliche Strompreis für einen Drei-Personen-Haushalt beträgt monatlich 83,80 Euro [FP813]. Damit führt dieser Haushalt mehr als ein Drittel seiner Stromrechnung zur Bereicherung der Stromkonzerne ab. Natürlich ist diese Rechnung vereinfacht, denn die Stromkonzerne sind international tätig. Aber auch Andere verdienen an der Stromrechnung des Privathaushalts. Von den Steuern und Abgaben fließt wieder ein Teil an Konzerne und Banken. Daher liegt das Beispiel nicht weit daneben.

Die tatsächlichen gesellschaftlichen Stromkosten sind anders. Denn Subventionen für Kohle- und Atomstrom werden in der Stromrechnung nicht ausgewiesen. Das FORUM ÖKOLOGISCH-SOZIALE MARKTWIRTSCHAFT e.V. hat diese Subventionen seit 1970 aufsummiert, dies ist in Bild 24 dargestellt. Demnach betrugen die Subventionen für Atom, Steinkohle und Braunkohle ein Vielfaches der Förderung der erneuerbaren Energien, die in der Stromrechnung der Haushalte auftaucht.

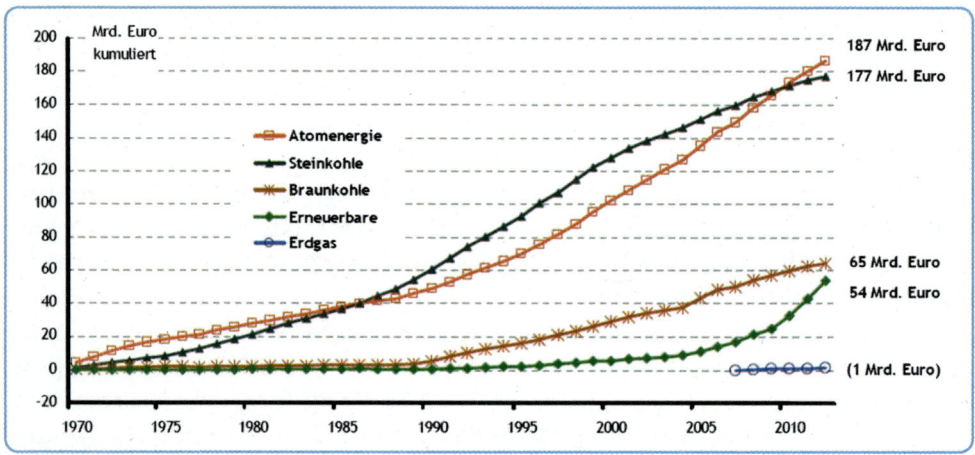

Bild 24: Kumulierte staatliche Förderungen der Stromerzeugung 1970 bis 2012 in Mrd. Euro (real). Quelle: [FÖ912]

Berücksichtigt man diese Förderung aus Steuergeldern, so ergeben sich die Kosten für die verschiedenen Arten der Stromerzeugung, wie sie in Tabelle 4 aufgeführt sind.

Demnach ist die günstigste Art der Stromerzeugung die aus Wasserkraft, knapp gefolgt von der Windkraft. Strom aus Kohle ist wesentlich teurer. Am teuersten ist der Atomstrom. Dabei sind aber die Kosten des Atommülls, die künftige Generationen zu tragen haben, nicht enthalten. Ebenfalls sind beim Strom aus Kohle die Kosten der durch CO_2 verursachten einsetzenden Klimakatastrophe nicht berücksichtigt. Würden wir nur einen Teil der Schäden durch Flutkatastrophen und Stürme dem Kohlestrom anrechnen, wäre er kaum bezahlbar.

Art	Ct/kWh
Atomenergie	42,2
Steinkohle	14,8
Braunkohle	15,6
Erdgas	9,0
Wind (an Land)	8,1
Wasser	7,6
Photovoltaik	36,7

Tabelle 4: Gesamtgesellschaftliche Kosten der Stromerzeugung im Jahr 2012. Quelle: [FÖ912]

Die Förderung erneuerbarer Energien ist richtig. Hohe Vergütung für Photovoltaik gibt es aber nur für ältere Anlagen. Neu in Betrieb genommene Anlagen erhalten bei einer Größe bis 10 kWp 14,80, bis 40 kWp 14,04 ct pro eingespeister Kilowattstunde. Großanlagen größer 1 MWp erhalten nur 10,25 ct/kWh und werden nur für 90% des Solarstroms vergütet. Windstrom an Land wird mit 8,80 ct/kWh vergütet, bei einer Senkung um jährlich 2%.

Der hohe Strompreis hat nichts mit der erneuerbaren Energie zu tun, auch wenn das noch so oft wiederholt wird. Der Strompreis ist eine Maßnahme zur Belastung der Verbraucher und der kleinen und mittleren Betriebe zur Entlastung der industriellen Großverbraucher und zur Bereicherung der Energiekonzerne.

2011 arbeiteten in Deutschland 370 000 Menschen in der Branche der erneuerbaren Energien (der damalige Minister Röttgen [FA1211]), bis 2020 wurde ein Wachstum auf 500 000 Beschäftigte im Bereich der erneuerbaren Energien von der Agentur für erneuerbare Energien erwartet [FA1011]. Doch die eingesetzten Gegenmaßnahmen von Unternehmerverbänden, Stromkonzernen und Bundesregierung gegen die erneuerbaren Energien sowie der gnadenlose Konkurrenzkampf der entstandenen Solarkonzerne in China, USA und Europa um Weltmarktanteile haben die Branche in eine tiefe Krise gestürzt.

8. Materialkreisläufe und Energiebilanz

Der Primärenergiebedarf in Deutschland lag im Jahr 2010 bei ca. 3904 TWh, 2011 sank er um 5% auf ca. 3725 TWh. Davon macht die elektrische Endenergie mit etwas über 500 TWh nur 13% aus. Der überwiegende Anteil der Primärenergie wird für Raum- und Industriewärme, sowie Warmwasser verwendet (37%). Ein weiterer großer Anteil (27%) der gesamten Primärenergie geht direkt in Kraftwerken bei der Elektrizitätsherstellung als Abwärme verloren. Die Zahl 27% bezieht sich auf die gesamte Primärenergie, von der nur ein Teil in Strom umgewandelt wird. Ca. 17% wird im Verkehrsbereich als Treibstoffe eingesetzt. Wenn man nur den elektrischen Strom betrachtet, gehen bei der Stromerzeugung im Kraftwerk etwa 60% der im Brennstoff enthaltenen Energie verloren, bei älteren Kraftwerken mehr.

Somit geht heute ein sehr großer Teil der Primärenergie bei der Erzeugung von Elektrizität aus fossilen Energieträgern in Form von Abwärmeverlusten verloren. Das machte im Jahr 2010 alleine 1227 TWh der Primärenergie aus. Eine Umstellung auf 100% erneuerbare Energieversorgung im Elektrizitätsbereich würde diese Verluste nahezu auf Null reduzieren.

Die chemische Industrie verbrauchte 2009 mit 182 TWh rund 7,5% der gesamten Primärenergie in Deutschland [FA412]. Gemessen an der Produktion hat sich der Energieverbrauch zwischen 1990 und 2009 etwa halbiert.

Die Sonne stellt mehr als das 10.000fache des heutigen Energiebedarfs der Menschheit zur Verfügung. Richtig genutzt, ist es kein technisches Problem, die Weltenergieversorgung nicht nur im Strombereich, sondern auch bei Treibstoffen und für die Wärmebereitstellung auf 100% erneuerbar umzustellen [Jc09]. Dabei muss jedoch beachtet werden, dass die dafür notwendigen Materialien auf der Erde nur in endlichen Mengen vorhanden sind. Stoffe, wie Neodym für gehärtete Lager von Windturbinen, Lithium für Akkus in Elektrofahrzeugen, Silber für die Kontaktherstellung in Solarzellen, Platin als Katalysatoren in der Elektrochemie, Indium und Tellur für Dünnschichtsolarzellen sind nur Beispiele für Elemente, die schon heute für die erneuerbaren Energietechnologien in großen Mengen gebraucht werden und relativ selten sind. Es ist daher notwendig, ein recycling-gerechtes Design solcher Anlagen zu entwickeln und von vornherein darauf zu achten, dass die Stoffkreisläufe geschlossen werden können.

Bild 25: Rund 11.000 Menschen demonstrieren am 5.3.2012 in Berlin gegen die Kürzung des EEG und für den Erhalt der Arbeitsplätze

Bei der Produktion von Solarzellen müssen erstklassige Umweltstandards gelten. Die Freisetzung von Schwermetallen und chlorierten Kohlenwasserstoffen, wie bei vielen nach China verlagerten Produktionsstätten, ist nicht hinnehmbar. Bei der CdTe Solarzellen muss gesichert werden, dass das Schwermetall Cd nicht in die Umwelt gelangt. Die Verbrennung von Kohle und Erdöl setzt jedoch pro produzierter elektrischer Energie viel mehr Cd frei (ca. 44 g/GWh), als in der Produktion solcher Solarzellen (ca. 0,3 g/GWh).

Für das Recycling von Siliziumsolarzellen wurden bereits verschiedene Verfahren entwickelt. Das Hauptproblem liegt zurzeit in der Demontage der Solarzellen in ihre Bestandteile. Da das Silizium-Solarmodul keine giftigen Stoffe enthält, entstehen jedoch keine gefährlichen Abfälle. Photovoltaikanlagen können bei entsprechender Herstellungstechnik vollständig wiederverwertet werden. Glas und Silizium lassen sich einfach wieder verwenden. Problematisch ist allein die Auflösung des Modulverbundes, der auch Kunststoffe enthält [MC09]. Eine polykristalline Si-Solarzelle hat bereits nach 2,2 Jahren die zu ihrer Herstellung notwendige Energie wieder produziert, amorphe Si- Dünnschichtsolarzellen bereits nach 1,3 Jahren. Bei einer Lebensdauer von ca. 20 bis 25 Jahren ist also die Energiebilanz positiv und wird durch Recycling weiter verbessert.

Bei Windrädern ist das Recyceln von Stahl bereits weit entwickelt. Das Recyceln von Glasfaser-Verbundmaterialien der Rotoren ist jedoch noch ein ungelöstes Problem. In großen Mengen fallen alte Rotoren beim sog. „Repowering", dem Ersetzen alter abgeschriebener Anlagen durch neue leistungsstärkere, an. Laborversuche, mittels Kryo-Recycling die Glasfasern und das Epoxid zu trennen und damit ein rohstoffliches Recycling zu ermöglichen, sind vielversprechend [Bo10].

Auch für die Herstellung von Materialien für eine bestimmte Technologie muss eine gesamte Energie- und Rohstoffbilanz durchgeführt werden. So ist der Energieaufwand für die Herstellung eines Elektroautos gerechnet auf die Fahrleistung während seiner Lebenszeit recht hoch, dieser entsteht durch den hohen Aufwand der Produktion der Li-Ionen-Akkus. Wirkungsgrad-betrachtungen müssen eine Gesamtanalyse des Herstellungsprozesses, den Gesamtkreislauf des Materials und eine Gesamtenergiebilanz betrachten.

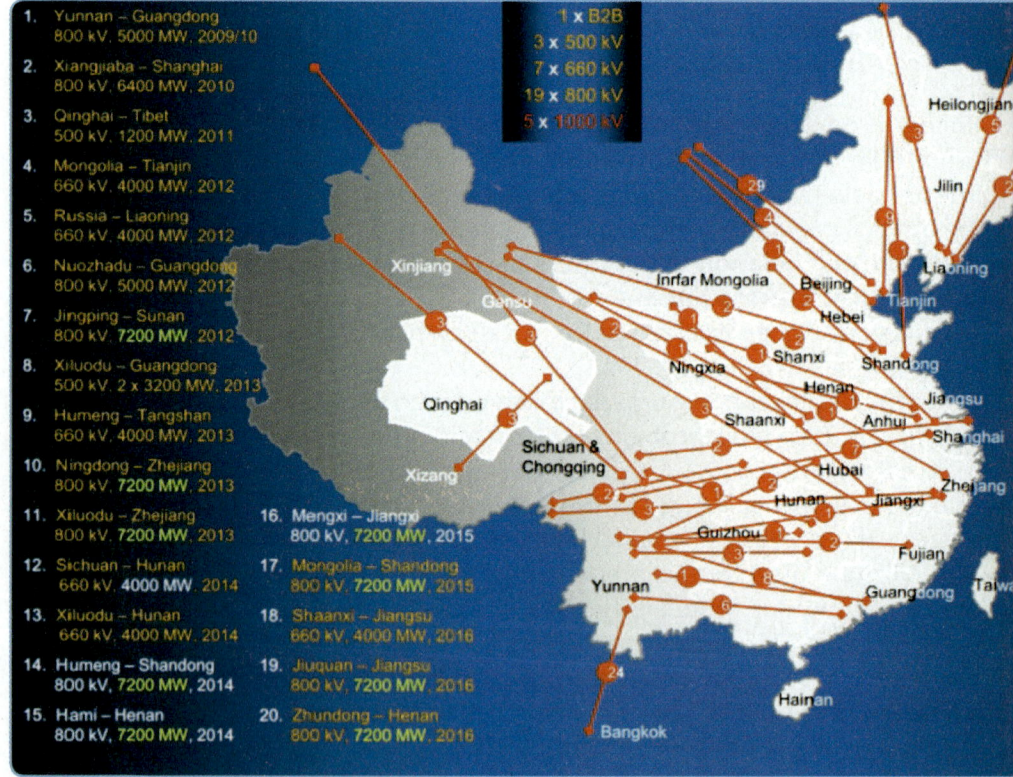

Bild 26: Geplante bzw. im Bau befindliche HGÜ-Verbindungen in China, Stand 2010, aus [Do11]: Über 270 GW Übertragungskapazität sollen zwischen 2010 und 2020 installiert werden.

9. Technisch möglicher Zeithorizont für 100 % erneuerbare elektrische Energie

Da Europa bereits zum größten Teil galvanisch vernetzt ist, ist es sinnvoll, 100% erneuerbare Energien als eine Lösung zumindest im europäischen Rahmen zu verwirklichen. Selbst das Umweltbundesamt kommt zu dem Schluss: „Ein Ausbau des europäischen Stromverbundes bietet ein beträchtliches Optimierungspotential gegenüber dem Regionenverbund-Szenario. Denn der europäische Stromverbund ermöglicht den großräumigen europaweiten Ausgleich der fluktuierenden Einspeisung von Windenergie und Photovoltaik. Er verringert die relativen Einspeisespitzen. … Damit sinken der Bedarf an Speicher und Reservekraftwerksleistung erheblich und damit auch die Gesamtkosten der Stromerzeugung. Auch die Nutzung von Speicherwasserkraftwerken in den Alpen oder in Skandinavien würde den Bedarf an chemischen Langzeitspeichern und Reservekraftwerken verringern" [FH12].

Baoqing – Liaoning
660 kV, 4000 MW, 2017

Hami – Shandong
800 kV, 7200 MW, 2017

Tibet – Chongqing
800 kV, 7200 MW, 2017

Jinghong – Thailand
500 kV, 3000 MW, 2018

Ximeng – Wuxi
800 kV, 7200 MW, 2018

Baihetan – Hubei
800 kV, 7200 MW, 2018

Wudongde – Fujian
1000 kV, 9000 MW, 2018

Northwest – North
B2B, 1500 MW, 2018

Mongolia – Jing-Jin-Tang
800 kV, 7200 MW, 2019

Russia – Liaoning
800 kV, 7200 MW, 2019

Zhundong – Jiangxi
1000 kV, 9000 MW, 2019

Tibet – Zhejiang
1000 kV, 9000 MW, 2019

Baihetan – Hunan
800 kV, 7200 MW, 2020

Yili – Sichuan
1000 kV, 9000 MW, 2020

Kazakhstan – Chengdu
1000 kV, 9000 MW, 2020

Aber auch die Länder Nordafrikas haben für eine auf regenerativen Energien basierende Wirtschaft sehr gute Voraussetzungen. Dort, wo heute noch viele Menschen ohne Strom leben müssen, könnte ein wichtiger Industriegürtel entstehen, der Energie nach Europa exportiert. Ein internationales Szenario der Verbindung der dezentralen erneuerbaren Energieerzeugung in allen Regionen hat den Vorteil, dass in jeder Region dann eine optimale Form der Nutzung der erneuerbaren Energie gefunden werden kann. Der Ausgleich von Schwankungen in Erzeugung und Verbrauch kann mit hoher Effizienz und relativ geringen Eingriffen in die Natur erfolgen. Dem entgegen steht allerdings die beherrschende Machtstellung der Energiekonzerne in Europa. Planungen erfolgen unter dem Gesichtspunkt der Steigerung des Gewinns des jeweiligen Konzerns und nicht unter dem Gesichtspunkt des Ganzen. Und es bestehen Verhältnisse der neokolonialen Abhängigkeit der Länder Nordafrikas.

Aber auch wenn ein leistungsfähiges internationales HGÜ-Netz verwirklicht wird, bleibt es sinnvoll, den Hauptteil des regenerativen Stroms regional und dezentral zu erzeugen. Auch auf regionaler Ebene wird Speicherkapazität notwendig. Eingriffe in die Natur sind sehr sorgfältig abzuwägen. Priorität muss das unverzügliche Handeln angesichts des begonnenen Übergangs in die Klimakatastrophe haben. Deshalb ist es auch nicht hinnehmbar, dass derzeit massenhaft Photovoltaik-Produktionskapazitäten im internationalen Konkurrenzkampf vernichtet werden. Eine rasche Umstellung auf 100% erneuerbare Energie erfordert im Gegenteil die Kapazitäten massenhaft zu erweitern.

Wenn wir die Speicherung der elektrischen Energie als technisch schwierigstes Thema betrachten und das internationale HGÜ-Netz als wichtigsten Beitrag zur Lösung sehen, so können wir abschätzen, wie lange das zu seiner Realisierung dauern würde. Dazu hilft ein Blick nach China. Dort sind zwischen 2010 und 2020 Installationen von HGÜ-Verbindungen einer Übertragungskapazität von 270 GW geplant, einige der Projekte sind bereits verwirklicht. Diese Übertragungskapazität wäre auch, grob geschätzt, für ein HGÜ-Netz in Europa ausreichend. Was in China in 10 Jahren zu schaffen ist, sollte auch im technisch höher entwickelten Europa möglich sein. Da dieses HGÜ-Netz die größte technische Herausforderung ist und der Bau weiterer Windräder und Solaranlagen nur eine quantitative Ausweitung bestehender Technik bedeutet, ergibt sich damit auch der Zeitraum, bis wann 100% erneuerbar im Bereich elektrische Energie für Europa aus technischer Sicht verwirklicht werden kann. Damit sind wir bei den 10 Jahren, wie es die Bürgerbewegung für Kryo-Recycling, Kreislaufwirtschaft und Klimaschutz gefordert hat, siehe Kapitel 1.

Das Hindernis für dieses Szenario liegt nicht in der Technik. Alle technischen Voraussetzungen sind im Grundsatz vorhanden. Notwendige Weiterentwicklungen in einigen Technologien, insbesondere in Bezug auf ihre Zuverlässigkeit, sind kein Hindernis für den Beginn des Baus. Nun setzt so ein Szenario für Europa allerdings voraus, dass die Anstrengungen der Menschen aller Länder in Europa auf dieses Ziel gerichtet werden.

Es wäre also technisch möglich, sehr zügig gegen die einsetzende Klimakatastrophe vorzugehen, indem der neueste Stand der Technik und die Potentiale der Großindustrie genutzt werden. Doch dies ist unmöglich unter den bestehenden wirtschaftlichen- und Machtverhältnissen.

10. Energiekonzerne contra erneuerbaren Energien – was tun?

Mit der Einspeisung von 22% erneuerbarer Energie durch dezentrale Verbraucher haben die Energiekonzerne 22% ihres Geschäfts verloren. Der Energierechtler Peter Becker schreibt: „Wir stehen nicht nur vor einer Energiewende. Wir stehen auch vor dem Niedergang der Stromkonzerne" [Be11]. Dabei unterschätzt er, mit welcher Härte die Energiekonzerne ihre Monopolmacht verteidigen.

„BDI warnt vor Kosten der Energiewende" titelt das Handelsblatt vom 08.11.2012 [HB1112], kurz zuvor hatte der BDI in Berlin am Alexanderplatz eine Kundgebung abgehalten. „Die Wirtschaftlichkeit der Energiewende ist bereits jetzt akut gefährdet", sprach BDI-Präsident Keitel in die Mikrofone.

„Die Wirtschaft unterstütze zwar die Energiewende, fordere aber ein Gesamtkonzept." Minister der Regierung signalisieren Folgsamkeit. „Sowohl Wirtschaftsminister Philipp Rösler (FDP) als auch Umweltminister Peter Altmaier (CDU) betonten, man wolle die Energiewende gemeinsam mit der Wirtschaft meistern" [HB1112]. Keitel präsentiert eine Studie des Energiewirtschaftlichen Instituts an der Universität Köln (EWI). Dieses wird knapp zur Hälfte von den Energieriesen E.on und RWE finanziert. Bereits im Jahr 2010 hat das EWI eine Studie über die Bedeutung der Kernenergie erstellt, die von der CDU/FDP Bundesregierung maßgeblich zur Begründung der Laufzeitverlängerung der Atomkraftwerke herangezogen wurde (die nach Fukushima wieder zurückgenommen wurde). In der „Zeit" vom 1. August 2013 wird dieser Vorgang als Beispiel im Artikel „Die gekaufte Wissenschaft" behandelt [ZE813].

Im März 2013 sagt der BDI unter dem Titel „Energiewende auf Kurs bringen – Handlungsempfehlungen an die Politik für die erfolgreiche Umsetzung der Energiewende" klar was zu tun ist. Es lassen sich darin folgende Ziele und Strategien erkennen:

1. Man erhebt im Augenblick nicht die Forderung nach Laufzeitverlängerung der Atomkraftwerke. Dies scheint derzeit nicht opportun.

2. Man lehnt nicht die „Energiewende" offen ab, sondern fordert, sie so zu gestalten, dass das Gegenteil herauskommt und die Umwelt mit zunehmendem CO_2-Ausstoß belastet wird.

3. Es wird behauptet, der hohe Strompreis der Haushalte sei Folge der „Energie-wende" und es werden weitere Steigerungen angekündigt.

4. Es wird mit dem Schlagwort „Marktfähigkeit" die Senkung der Vergütung für erneuerbare Energien gefordert, um mit dem Strompreis aus abgeschriebenen Kohle- und Atomkraftwerken dagegen konkurrieren zu können und den weiteren Zubau so gering wie möglich zu halten.

5. Es wird die Einführung von Gas-Fracking auch in Deutschland gefordert und argumentiert: „In den USA seien dagegen durch den Abbau von Schiefergas die Energiekosten sehr viel niedriger". Fracking ist eine extrem umweltschädigende Technologie.

6. Es wird der Ausbau fossiler Kraftwerke gefordert.

Neues Braunkohlekraftwerk mit Tagebau

7. Es wird ein zentral gesteuerter Ausbau des deutschen Stromnetzes gefordert. Zusammen mit dem Neubau fossiler Kraftwerke sollen 350 Milliarden bis 2030 auf die Verbraucher umgelegt werden.

8. Es wird eine höhere Vergütung des Stroms aus fossilen Kraftwerken, die nur teilweise am Netz sind, gefordert. Ansonsten wird gedroht, diese wegen Unrentabilität stillzulegen.

9. Es wird die Gefahr der Selbstversorgung privater Haushalte erkannt und es werden Maßnahmen gefordert, diese trotzdem an den Kosten der fossilen Energie zu beteiligen. „Wie die für Instandhaltung und Wartung aufzuwendenden finanziellen Lasten dann verteilt werden können, muss frühzeitig geklärt werden".

Die Maßnahmen zielen auf eine Ausweitung der Profite durch Verschärfung der Klimakatastrophe ab. Schutz der Umwelt lässt sich nur im Kampf gegen die Konzerne durchsetzen. 2011 kam der Gedanke zur Bildung einer Umweltgewerkschaft auf, der vom Autor dieser Arbeit als Mitinitiator unterstützt wird. Dieser Vorschlag geht davon aus, dass wir uns in einer Entwicklung befinden, welche die Existenz der Menschheit aufs Spiel setzt:

• dem Treibhauseffekt, der Zunahme der Temperatur durch das Treibhausgas Kohlendioxid und andere Treibhausgase

- dem wachsenden Ozonloch in der Arktis sowie der Antarktis

- der Zerstörung der tropischen Regenwälder, der Lunge der Erde.

Angela Merkel und Umweltminister Peter Altmaier machen die Energiewende zur Kohlewende

Diese Entwicklung betrifft alle Länder der Erde. Deswegen ist eine globale, internationale Bewegung zur Rettung der Natur erforderlich. Die Bedrohung der Lebensgrundlagen geht jeden etwas an. Ähnlich existenziell wie sich die Arbeiterinnen und Arbeiter vor mehr als 150 Jahren zu Gewerkschaften zusammengeschlossen haben, um sich gegen soziale Ausbeutung zu verteidigen, würde eine „Umweltgewerkschaft" zur Verteidigung der natürlichen Lebensgrundlagen der Menschheit der heutigen Dramatik entsprechen.

Die Idee der Umweltgewerkschaft will bewirken, dass sich national und international die Menschen zu einer starken und überlegenen Kraft gegenüber den Destruktivkräften der gegenwärtigen Verhältnisse entwickeln. Es kommt die Frage auf, ob das gesamte derzeitige destruktive und profitorientierte System, die Art und Weise zu produzieren, zu konsumieren und zu leben, bleiben kann.

2012 stellte der Club of Rome wieder einmal seine Zukunftsprognose vor. „Eine ungewöhnliche Prognose gibt das österreichische Club-of-Rome-Mitglied Karl Wagner ab: Er sagt eine Revolution in den 2020er Jahren voraus, wenn der jungen Generation der Geduldsfaden reiße, weil sie nicht länger die Umweltlasten der alten tragen wolle" [SO512].

Die Umweltlasten kommen nicht von der alten Generation, sondern von der bestehenden Produktionsweise und den gesellschaftlichen Verhältnissen. Doch in der Tat ist die Geduld bereits hoch strapaziert. Aber Wagner liegt auch hier nur teilweise richtig. Auch die sozialen Verhältnisse werden zunehmend untragbar. Über die Hälfte der jungen Menschen sind in Ländern Südeuropas arbeitslos. Und nicht nur die junge Generation ist betroffen. Es gibt auch genug Grund, dass den Älteren ebenfalls der Geduldsfaden reißt.

Danksagung

Für wichtige Anregungen danke ich Prof. Rainer Marquardt, Prof. Christian Jooß und Dr. Gregor Czisch.

Energietechnische Einheiten

Leistung		Beispiel
Watt (W)	1 Volt * 1 Ampere	Eine Energiesparlampe hat um die 10 W
Kilowatt (kW)	1000 W bzw. 10^3 W	Solaranlage, Einfamilienhaus typ. 6 KW bis 10 KW
Megawatt (MW)	1 Million bzw. 10^6 W	Windrad an Land bis 3 MW
Gigawatt (GW)	10^9 W	Braunkohlekraftwerk 1 GW
Terrawatt (TW)	10^{12} W	

Publikation der Bürgerbewegung

Kryo-Recycling von Kunststoffen, ein bedeutendes Verfahren der Kreislaufwirtschaft

In Deutschland werden etwa 63% der Kunststoff-abfälle verbrannt, wobei hochgiftige Gase und Stickoxde entstehen, oder auf Deponien vergra-ben. In den Ozeanen sammeln sich immer größere Mengen Plastik, die das Ökosystem Meer akut bedrohen. Dabei ist die Möglichkeit, Kunststoffe hochwertig zu recyceln vorhanden und wissen-schaftlich erwiesen: das Kryo- (Tiefkälte) Recycling von Prof. Rosin wird allerdings seit Jahren von der Müllverbrennungslobby hintertrieben und vom BMU ignoriert. Profitsteigerung durch Ressourcen-verschwendung und Wegwerfproduktion stehen der Notwendigkeit entgegen, mit den vorhande-nen Rohstoffen verantwortungsvoll umzugehen, Umwelt und Gesundheit zu schützen. Die Broschüre richtet den Blick auf eine notwendige tiefgehende gesellschaftliche Auseinandersetzung.
Einzelpreis: 2,50 Euro, 5 Stück für 10,- Euro.

Kryo-Recycling von Kunststoffen

Ein bedeutendes Verfahren der Kreislaufwirtschaft

Bürgerbewegung für Kryo-Recycling, Kreislaufwirtschaft und Klimaschutz e.V.

Quellen

[AE13]   http://www.unendlich-viel-energie.
de/de/windenergie/detailansicht/ar-
ticle/50/potenziale-der-windenergie.
html
[Al410]   Allianz pro Schiene, Pressemitteilung
vom 29.04.2010 http://www.
allianz-pro-schiene.de/presse/
pressemitteilungen/2010/19-deut-
sches-schienennetz-geschrumpft/
[AL713]   Allianz pro Schiene, Pressemitteilung
vom 08.07.2013 http://www.
allianz-pro-schiene.de/presse/
pressemitteilungen/2013/023-eu-
ranking-schienen-investitionen-netz-
ausbau-1/
[Be11]   Peter Becker, Aufstieg und Krise der
deutschen Stromkonzerne, Ponte
Press, Bochum 2011
[BfS11]   Berechnet aus der Tabelle des BfS;
http://www.bfs.de/kerntechnik/
ereignisse/standorte/karte_kw.html
[BMU213] BMU, Erneuerbare Energien 2012.
Stand 28.2.2013
[Bo10]   M. Bongers, Kryo-Recycling von
glasfaserverstärkten Kunststoffen
am Beispiel von Windmühlen-
rotorblättern, Bachelor Arbeit,
Universität Göttingen, 2010
[Br507]   Brehm et al, PCIM 2007
[Bu13]   B. Burger, Fraunhofer ISE Stromerzeugung aus Solar- und Windenergie
im Jahr 2013 http://www.ise.
fraunhofer.de/de/downloads/
pdf-files/aktuelles/stromproduktion-
aus-solar-und-windenergie-2013.pdf
[BW112]   „Energiewende!" 01/2012
herausgegeben vom BMWi
[Cz05]   G. Czisch, „Szenarien zur zukünftigen
Stromversorgung - Kostenoptimierte
Variationen zur Versorgung Europas
und seiner Nachbarn mit Strom aus
erneuerbaren Energien", Dissertation
Kassel 2005 https: //kobra.biblio-
thek.uni-kassel.de/handle/urn:nbn:de
:hebis:34-200604119596
[Cz10]   G. Czisch, September 2010
http://www.umweltrat.de/
SharedDocs/Downloads/DE/03_
Materialien/2010_MAT40_Czisch.
html?nn=395728
[Cz99]   G. Czisch, „Potentiale der
regenerativen Stromerzeugung in
Nordafrika- Perspektiven ihrer Nutzung zur lokalen und großräumigen
Stromversorgung" Hauptvortrag
auf der Frühjahrstagung 1999
der Deutschen Physikalischen
Gesellschaft, Heidelberg, März 1999
[DE13]   Deutsche Energie-Agentur http://
www.effiziente-energiesysteme.de
[DG11]   http://www.dailygreen.
de/2011/10/06/spanien-neues-
solarthermie-kraftwerk-liefert-auch-
nachts-strom-27323.html
[Do11]   J. Dorn, Infineon Bipolar, Vortrag an
der TU Chemnitz am 16.6.2011
[Do12]   J. Dorn, H. Gambach, D. Retzmann:
„HVDC Transmission Technology
for Sustainable Power Supply" Proceedings of the SSD-PES, Chemnitz
2012
[Do13]   J. Dorn: "HVDC – State of the art
and future trends", Proceedings
PCIM
[DR613]   http://www.dradio.de/dlf/sendun-
gen/interview_dlf/2131439/
[EC1111] http://www.ecofys.com/de/
news/156//publications/
[EE13]   http://www.erneuerbare-energien.
cc/offshore-windparks.php

[EP307]   EPE/ECPE Position Paper on Energy Efficiency – the Role of Power Electronics, March 2007

[FA511]   FAZ 29.5.2011

[FA1011] FAZ 22.10.11

[FA1111] FAZ 23.11.11

[FA1211] FAZ 12.12.2011

[FA112]   FAZ 25.1.12

[FA212]   FAZ 22.2.12

[FA3a12] FAZ 19.3.12

[FA312]   FAZ 26.3.12

[FA412]   FAZ 17.4.2012

[FA712]   FAZ 10.7.12

[FH11]   Fraunhofer IWES, http://www.eeg-aktuell.de/2011/04/fraunhofer-iwes-studie-zum-potenzial-der-onshore-windenergie/

[FH12]   Broschüre „2050 100% erneuerbarer Strom", Fraunhofer IWES, Kassel, Herausgeber Umweltbundesamt

[FÖ12]   FORUM ÖKOLOGISCH-SOZIALE MARKTWIRTSCHAFT e.V: „Was Strom wirklich kostet" September 2012

[FO911]   Focus 20.9.2011

[FP1010] Freie Presse 18.10.10

[FP713]   Freie Presse 16.7.13

[FP813]   Freie Presse 15.8.13

[Gu07]   Kurt –Ludwig Gutberlet, ZVEI, 2007

[HB1112] Handelsblatt vom 08.11.2012

[Ja12]   L. Jarass und G.M. Obermair: Welchen Netzumbau erfordert die Energiewende? Verlag MV-Wissenschaft, 2012

[Jc09]   Mark Z. Jacobson und Mark A. DeLucchiPlan für eine emissionsfreie Welt bis zum 2030, SPEKTRUM DER WISSENSCHAFT Dezember 2009

[Jo11]   Ch. Jooss and H. Tributsch, Solar fuels, Handbook Materials for Energy and Environmental Sustainability, Edited by David Ginley and David Cahen, published MRS + Cambridge University Press 2011.

[Kn12]   R. Knorr, publiziert auf der Konferenz SSD 21-23.3.2012, Chemnitz

[Kr02]   Bjørnar Kruse, Sondre Grinna and Cato Buch, Hydrogen Status og muligheter (2002), ISBN 82-92318-05-4

[Lu07]   J. Lutz, W. Hiller: „Wie realistisch ist die komplette Stromversorgung aus regenerativen Energiequellen?"-Dokumentation 4. Offene Akademie, Gelsenkirchen 2007

[Ma13]   J. Mayer, Fraunhofer ISE, Electricity Spot Prices and Production Data in Germany http://www.ise.fraunhofer.de/de/downloads/pdf-files/ak-tuelles/boersenstrompreise-und-stromproduktion-2013.pdf

[Me10]   A. Mertens, J. Kreusel C. Rehtanz Präsentation der VDE Studie „Elektrofahrzeuge" beim BMWi , 16.9.2010

[NE12]   Nur Energy homepage http://www.nurenergie.com/

[Pe09]   A. Petterteig, M. Hernes (SINTEF Trondheim) „Power Electronics for GW power in the North Sea" Vortrag an der TU Chemnitz am 21.9.2009

[MC09]   http://www.mc-solar.de/000000998409c5909/00000099840a43535/index.html

[NO10]   http://www.norger.biz/norger/

[Re11]   C. Rehtanz, Leistungselektronik für Smart Grids – Die zukünftige Rolle der Leistungselektronik in der elektrischen Energieversorgung, ETG Fachbericht 128

[RP910]   Report Mainz, 30.9.2010, http://www.swr.de/report/-/id=233454/